中国古建筑
室内装修装饰与陈设

王希富◎著

化学工业出版社
·北京·

内容简介

本书是一本介绍古建筑室内装修的综合性图书。第一章主要概述了古建筑室内装修与家具陈设；第二章介绍了室内的地面、墙面、吊顶等室内建筑构件；第三章介绍了桌、椅等具有实用功能的家具；第四章以中国五大名窑为例，简述了古建筑室内的陶瓷陈设；第五章展示了适合装饰在中堂的书法和绘画作品；第六章介绍了各种金属、玉制、木雕摆件；第七章对居室、书房、茶室等房间的装修和家具陈设进行了介绍。

本书不仅讲述了古建筑的室内设计理论，还分别阐述了古建筑室内的功能分区使用，家具的布置原则和方法，是专业设计人员的实用参考之书，也适合古建筑爱好者阅读。

图书在版编目(CIP)数据

中国古建筑室内装修装饰与陈设 / 王希富著. —北京：化学工业出版社，2021.10
ISBN 978-7-122-39505-4

Ⅰ．①中… Ⅱ．①王… Ⅲ．①古建筑—室内装饰设计—中国 Ⅳ．①TU-092.2

中国版本图书馆CIP数据核字（2021）第135877号

责任编辑：徐　娟　　　　　　　　　　　文字编辑：刘　璐　陈小滔
责任校对：宋　夏　　　　　　　　　　　装帧设计：中海盛嘉

出版发行：化学工业出版社(北京市东城区青年湖南街13号　邮政编码100011)
印　　装：北京宝隆世纪印刷有限公司
787mm×1092mm 1/16　印张10　字数228千字　　2022年1月北京第1版第1次印刷

购书咨询：010-64518888　　　　　　　　售后服务：010-64518899
网　　址：http://www.cip.com.cn
凡购买本书，如有缺损质量问题，本社销售中心负责调换。

定　　价：98.00元　　　　　　　　　　　　　　　　版权所有　违者必究

前言

本书主要阐述中国古建筑主体的装修和与之具有紧密关系的室内陈设。这是中国古建筑室内装修与陈设的规矩、法则与文化内涵的表达。

所谓中国古代建筑，无法做时代定论，远有古代人类穴居野处之后的简易草木屋棚，近有明清时期的建筑。中国古代建筑在隋唐之后，形成了独立的建筑体系，把中国古代建筑推向成熟。宋代李诫创作的建筑学著作《营造法式》，建立了建筑的"模数"制，是中国古代最完整的建筑技术之书，标志着中国古代建筑已经发展到了较高阶段。

本书中提到的中国古建筑，并非指中国的古代建筑物，而是指中国古代建筑形式。即是在中国古代建筑形式的建筑物中，所用的装修、装饰和室内布置所使用的家具与陈设设计。这可以理解为：在中国古代建筑形式的建筑中进行室内装修、装饰设计、家具布置和物品陈设的规矩与习俗体例。

有了完美的古建筑主体，还需要有一个辉煌的殿堂。建筑最终是要供人使用和居住的，功能包括日常起居、休息、工作、学习、休闲与会友、文化的展示、藏品的贮存等，还有更多的活动要依靠建筑的主体提供场所和条件。这就需要与古建筑实体相依共存的家具陈设。

在上级有关领导和专家的关心和支持下，1999 年北京市房地产职工大学（现北京交通运输职业学院）设计和建设了中国古建筑实训基地。该基地不仅展示了中国古建筑各类木结构教具与模型，古建筑构件和配件模型，还展示了各类室内装修与装饰、各类室内布置的家具陈设，是国内第一座中国古建筑实训基地。这解决了学生在古建课程中无法实现教学与实践相结合的难题，并且将中国古建筑与其室内装修与陈设有机结合。本书中有部分基地的图片供读者参考。

本书的出版得到了有关方面的领导、专家和学者的支持与帮助，在此表示衷心的感谢。

由于本人水平有限，书中难免存在不妥之处，敬请各位专家和读者批评指正。

王希富

2021年4月于北京　玉山书屋

目录
CONTENTS

第七章　中国古建筑室内装修与家具陈设　　　126

参考文献　　　153

后记　　　154

第一章

中国古建筑装修与家具陈设概述

第一节 中国古建筑

中国古建筑是从原始社会的穴居野处开始发展和演变而成的，夏朝建立标志着中国原始社会的结束。从夏、商、周到春秋、战国，此阶段的中国古建筑，包括筑土台、木构架，以及建筑的平面布局、立面造型、建筑材料、装饰、色彩等，都达到了初具雏形阶段。

秦并六国，动用倾国之力，大规模兴建长城、宫殿、陵墓；汉代又继续修长城，筑宫殿。秦汉四百多年的经历，使中国建筑技术和艺术有了长足的发展。其中砖石技术、木构技术都达到了相当成熟的水平。各类墙体、拱券、桥梁的筑造和施工方法，趋于完善与规范；木结构的庑殿、悬山、歇山、攒尖等各类做法都已出现。魏晋、南北朝则大量建造佛寺，北建洛阳、南建建康两大都城。这一时期是中国古建筑空前发展的第一个高潮。

图1-1 万佛殿斗栱图（作者手绘）

隋是一个存在不足四十年的王朝，但是在城市建筑发展上营造了洛阳、扬州两大城市，开凿了运河，修筑了长城。唐代国力达到鼎盛时期，在长安与洛阳修筑了规模巨大的宫殿、苑囿、官署，还有寺院、佛塔、石窟；唐亡之后，各地寺院修建依然。山西平顺的大云院和平遥的镇国寺至今保留五代遗构。镇国寺建于北汉天会七年，其万佛殿的檐、柱、斗栱做法奇巧讲究，如今观之（万佛殿斗栱）尚令人肃然（图1-1）。此时代的中国式建筑，继承了前代成就，又融合了其他建筑元素，建筑设计开始以"材"为木作标准；制定了营缮法令；设置了管理官员，形成了独立而完整的中国古建筑体系。这一时期是中国古建筑发展的第二个高潮。

南北朝后，佛殿建筑从以佛塔为中心，逐渐转为以佛殿为中心，包括主殿和后殿，再加上回廊形成佛院。保存至今的唐代佛寺有山西五台县的南禅寺和佛光寺较为完整。南禅寺大殿重建于唐德宗建中三年，属于木构架中的厅堂型构架，造型古朴、庄严，具有唐代建筑的典型特征（图1-2）。佛光寺东大殿，建于唐宣宗十一年，其结构属于殿堂型构架，由柱网、铺作层和屋架叠加而成，结构已经比较复杂和稳定。

图1-2　南禅寺大殿立面图

南禅寺大殿重建于唐德宗建中三年（782年），面阔三间11.5米，进深10米；单檐歇山屋顶，建筑内部结构主要是两道通进深的梁架，无天花吊顶，属于木构架中的厅堂型构架。外装修为板门，直棂窗，造型巍峨壮丽、简朴大方。南禅寺是村落中的小佛堂，与历史上会昌毁佛所拆毁的招提、兰若等四万余所佛堂同类，是会昌毁佛后仅存的一所佛教建筑，故此极为珍贵。

镇国寺，位于山西省平遥县城东北15千米的郝洞村，原名京城寺，明嘉靖十九年改称为镇国寺。整座寺院坐北朝南，由两进院落组成，万佛殿是整座寺院的精华所在，为镇国寺的主体建筑，建于五代北汉天会七年（963年），被称为"千年瑰宝"，是我国现存最古老的木结构建筑之一。

宋、辽、金是一个变革的时期，建筑艺术自北宋起，一改宏大雄浑而致细腻、纤巧。特别是北宋崇宁年间颁布了《营造法式》，建立了"以材为祖"的建筑模数制，对建筑的"工限""料理"有了类如"定额"的限制，使中国古建筑工程技术与施工管理达到规范化的历史新水平。

元、明、清是中国古建筑发展在历史上的最后一个高潮。元、明、清三朝共七百多年，元代营建了元大都和宫殿，明代营建了南北两都城和宫殿，清代全面接受了汉族的建筑技术与艺术，对传统木作建筑进行改变，增加了砖石材料的应用，室内装修与陈设越加奢华与繁缛。这段历史时期的建筑布局规划，较之唐宋更为成熟、合理，建筑的技术与艺术细节也更加复杂精细与成熟，是中国古代建筑发展史上最后一个高潮。

综上所述，中国古建筑经历了秦汉、隋唐、宋辽金及元、明、清，共两千多年的发展与变迁。古建筑自原始社会产生，经过演变、提高、变迁至清代发展到顶峰，不仅为后人留下了建筑实物、建筑文献、规程、法式，还有传承的技艺，这便是中国古建筑之大成。

第二节　中国古建筑装修

中国古建筑装修也称为传统建筑装修，是中国古建筑主体的组成部分，在设计与施工中，与建筑主体密切关联。古建筑的装修可以细分为"功能性装修"和"装饰性装修"。

一、功能性装修

功能性装修，是与建筑主体功能紧密关联的，如门窗、隔扇、天棚、栏杆、楼梯等，分别具有通风、采光、分隔、保温、防护、交通等功能。同时，它们又具有展示传统文化内涵的各类纹饰，表现出其在建筑之中的装饰作用。

需要说明的是，古建筑建造与装修，一般是在建筑物设计与施工中统一考虑、统一实施的，只有如此，才可能做到规矩一致、风格统一，实现建筑功能与风格样式的协调。此理历经各朝各代的验证，自古至今亦是如此。

古建筑装修与古建筑主体部分是不可分离的。但是，建筑物的主体材料和装修材料的寿命却不相同。建筑主体的砖石材料可谓百年无恙，即使是构架的木材，也是精选品种、细算尺度的优质名材，可以与砖石的寿命等同。而装修用的木材与构架相比显然更纤细、玲珑，加之雕塑、镂空，总体的尺度要比结构用料小得多。其耐力与耐侵蚀性都无法与构架相比。至于油漆彩画、抹灰贴绢，更是使用寿命有限，需要定期修缮。于是，古建筑装修部分便需要定期普查、修缮。加之，近代的房屋多为商品房，开发商为加快工期，多做"毛坯"商品，这使一大批建筑装修专业人员加入行列。古建装修人员甚至还承担着建筑室内装修改造的工作。

二、装饰性装修

装饰性装修具有进一步装饰与美化的作用，其中古建筑的装饰性装修包含着中国的传统文化和美学理念。按照不同材料和工种，装饰性装修又可分为木装修、瓦石装修、油漆彩画装修等。

» 1. 木装修

木装修分为外檐装修和内檐装修两类。外檐装修包括：大门、屏门、如意门、墙垣门、杂式门、菱角门等类门，以及隔扇、槛窗、支摘窗、门联窗、楣子、座凳、雀替、栏杆、挂檐等类。内檐装修包括：隔扇，落地罩及各类花罩，以及博古架、太师壁、木顶格、天花、藻井等类。

木装修在古建筑传统做法中的维护功能绝不可忽视。它对古建筑总体的文化内涵和审美、风格、气度的表达也很重要。

» 2. 瓦石装修

瓦石装修是瓦石作的主要内容，装修对象大部分是建筑的主体部分和维护部分。其与主体部分经常是密不可分甚至是浑然一体的。古建筑的瓦石作一般是与主体同时施工或修缮的。有些部位偏重表现结构性主体，如墙体、砖柱、台基、屋盖等；有些同时表现其装饰和文化内容，如屋顶的脊饰、攒尖、排山，墙体的穿插当、廊心墙，坎墙的岔角、海棠池，院墙的花瓦顶，砖檐的雕刻，影壁的中心花、岔角、须弥座，地面的砖雕。还有各类栏杆、栏板、拱券、柱顶鼓子、滚墩石、御路、券脸等。实际上这些都是典型的瓦石装修。还有在建筑主体之上的室内外抹灰、地面铺设，一些具有装饰面层、保护基层作用的施工部分，也属于古建筑装修。但是从当前施工、设计及修缮情况分析，瓦石作修缮的独立性比木作要复杂，除了以上所说的抹灰和地面铺设，其他可以随时根据普查情况进行维修施工。对于体量较大的瓦石作部分，却难以随意进行拆改和维修，大都是在工程总体之内，按施工顺序一并进行，不具有木作的灵活性，不可随意修改与增减、变化。

» 3. 油漆彩画装修

油漆和彩画均属于古建筑装修的范围，但是油漆偏重于主体的维护，是古建筑主体所必须具备的部分，不可或缺。它包括坚实的底层——地杖。地杖是油漆的底层，作用是保护所附着的基层材料（如木材），主要是使用灰与麻的交替结合，形成若干底层，下面与基层（如木材）结合，上面与漆层结合，既可使基层与漆层牢固结合，还可以使底层地杖造型标准，保障面层质量优秀。

彩画也做在基层之上，属于一种绘画。通过使用不同的手法和形式，表达不同的彩画主题。彩画自明清不断发展，至清代已经品类繁多，美丽异常了。彩画有官式做法和民间做法之不同。就官式彩画而言，有和玺彩画、旋子彩画、苏式彩画、吉祥草彩画和海墁彩画之分。它们以其各自的特色应用在不同类别的古建筑和不同的建筑位置。油漆彩画的装修，因其使用年限比建筑主体短得多，故此可以根据普查或使用要求进行修改，见新施工。

综上所述，在古建筑装修设计中，室内外的装修设计，与木作、瓦石作、油漆彩画等装修关系密切。需要设计师权衡表里、按其轻重将各类设计与所装修的主体建筑有机结合起来，使之具有整体灵魂与生命。

第三节

中国古建筑装修的实施

中国古建筑如同其他类建筑一样，由于材质的不同，设计规范的不同，施工技术与水平的不同，都有其自身的使用年限。建筑物使用达到年限或损坏时，必须进行普查和维修。其原有的装修部分，是在建筑物初始施工时与主体部分统一进行的，由一家施工单位承包。维修的设计与施工，不一定由原来的施工单位承担。特别是进入21世纪以来，中国的经济实力和技术力量壮大，建筑设计和施工技术水平逐年提高，设备也不断更新改善。古建筑装修的设计与施工已经开始独立并实现专业化。这种专业化的装修公司，既可以配合主体建筑的施工共同完成古建筑施工的装修部分，也可以独立进行古建筑定期维修的装修施工，还可以为一般传统建筑甚至西式建筑进行中式装修。对西式建筑做中式装修目前已成时尚。在有条件的豪华办公场所、酒店、别墅、家居中出现了不少中西合璧的范例，这在当今时代的发展中引人注目。

第四节

中国古建筑家具及其他室内用品陈设

　　建筑为人类提供了居住条件，并具有遮风、挡雨、保温、隔热和安全防护的作用。自古至今，建筑随着人类历史的发展而发展变迁，从简单的具备居住功能的房屋发展到巍峨的宫殿、壮丽的华堂。但是，人类仅仅有了房屋显然是不够的。人们不能席地而睡、扑地而书，家具便是房屋的补充。人们可以卧床而休息，坐榻以饮茶，可以在餐桌上摆宴，在条案上陈设。家具作为房屋的补充，与房屋巧妙配合，不但方便人们居住，还使人们得以休息、工作和生活。家具使建筑更完善，更适合人类居住。

　　人类生活还需要各种物品，如盛装各类物品的瓷器、陶器、漆器、铜器；书写的文具、阅读的书籍、计时的钟表，进食的餐具、整理妆容的镜、化妆的盒，以及各类收藏品、陈设、装饰品、摆件等。这些都需要放置在合适的位置，摆放于家具之上，家具便将房屋与物品合理地结合在一起，共同起到相应的作用。装修、家具与陈设，彼此相互依存，互为补充，通过烘托与陪衬发挥综合的功能与作用。由此，人类将防风雨、定安全，舒适、方便的房屋与人类的艺术、文化、技艺融会贯通于一体。这是人类文明与进步的象征。如今已不是独居土屋、家徒四壁的时代，建筑、装修、家具与陈设逐渐使人类走向生活的自由与高端。

　　中国古建筑装修与家具及其他室内用品陈设，既是几千年中国建筑文化与民族特色的结晶，也是人们选择理想居住环境的一种风格气派。培养此类专业技术人才，造就一批设计、施工的专家与匠师，需要将纷繁复杂的工程与技艺结合融汇，总结、探讨、研究和传授古建筑装修与家具陈设的理论和经验，这便是作者撰写本书的初衷。

　　家具承载着陈设，故此，家具实际上也在总体上规范着陈设的格局。研究家具布置，要考虑建筑的布局与尺度，预期的内容与风格。这些既要借鉴前人的实践经验，也要遵循科学的理论。在总体上，还要对建筑的数理、比例、格局进行权衡和研究，其中包含传统文化、习俗和实用经验的指导。至于有关营建数理，需要取其精华去其糟粕，为当代室内装修与陈设所用。

第二章

中国古建筑室内装修

本书旨在介绍有关中国古建筑室内装修与家具陈设的综合设计与实施。传统建筑理论融合了建筑以外的相关专业内容，是将建筑、家具和室内陈设融合为一体的综合理念与方法。故此，本书所包含的室内装修仅限于与家具、陈设的功能相关的部分，中国古建筑专业本身必然包含的室内装修部分内容，本书不再赘述。

中国古建筑室内装修在专业上也分为木作、瓦石作和油漆彩画等部分。但是，对于集中在一个房间和部位的各类装修，总是融合于该房间和部位，因此，这里便按照房间的装修位置综合考虑和叙述，即分为：地面、墙面、吊顶与天花、花罩与碧纱橱、门窗等部分。

第一节　室内地面装修

室内地面装修是涉及建筑物使用和装潢的重点，如果是新建的典型仿古建筑，或原有古建筑修缮装修，应该按照古建筑形制设计地面，不可任意而行，否则会使建筑失去统一的风格。地面装修要根据建筑物形制选择做法。要区分宫殿、府邸、庙宇、民宅等类别，还要根据房屋的使用确定做法。古建筑地面常用的典型做法有砖墁地面、石材地面，也有各类木地板铺装地面和其他类型地面。如果是新建的中国传统形式的建筑，用于非传统文化类的商业、办公、宅居等，其地面做法则可以根据使用方的要求确定，但也要尽量做到协调统一。

一、对地面的要求

承载能力：地面要能够承受其上面的荷载，包括家具、用品、人员和其他用品的荷载。

耐磨能力：地面经常处于被摩擦状态，在使用年限内的地面能承受各类摩擦，保持平整，不至于变形、破损和起尘。

卫生洁净：地面在被使用时，不起尘沙，可保持地面和室内洁净无尘。

抗损能力：地面耐腐蚀，抗虫蛀、鼠咬等破坏。

无异味，无有害成分：地面的材料不得有异味或包含有害成分。

二、中国古建筑室内常用地面

» 1. 砖墁地面

砖墁地面是中国古建筑室内地面的基本做法，被历代建筑所用。其特点是：天然、开阔、平整、低尘、造价相对低，耐磨性相对高，材质与主体（指墙体材料）一致，便于施工和运输，便于修补和拆改；蓄热系数适当，冬不冷，夏不热，使室内温度相对舒适。使用不同的砖材，便可形成不同的地面质量档次。

砖有条砖、方砖、金砖等不同级别和层次。条砖一般用于室外地面，个别建筑的附属用房也有使用。方砖用于室内地面，常用的尺寸是尺二和尺四方砖。方砖是室内地面装修设计中很重要的选择。

（1）砖墁地面的材质和做法

① 细墁方砖地面。细墁方砖地面在施工中，需要砍磨成"盒子面"（图2-1），类似"五扒皮"做法，既要磨平顶面，也要砍出四肋。细墁方砖地面的灰缝在1～2毫米，看面不见灰缝。细墁方砖地面多用于室内，室外的重要部分也可以用，如甬路、散水等。细墁方砖地面一般要求用桐油"钻生"，或"使灰钻油"，也可用钻生泼墨法（见金砖做法）。细墁方砖地面的顶面外观，如图2-2所示。

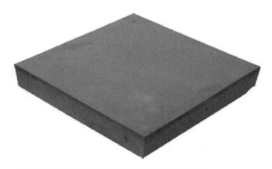

图2-1 "盒子面"方砖（倒置）

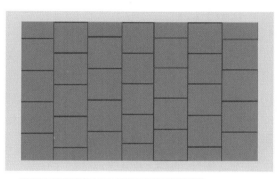

图2-2 细墁方砖地面的顶面外观

② 淌白方砖地面。淌白方砖地面做法是只磨面，不过肋。细淌白落宽窄，不劈薄厚；粗淌白既不落宽窄也不劈薄厚。因此看面见灰缝，但是也有的淌白是干过肋不磨面，两种均为淌白。总之，淌白应属于简化的细墁。

③ 金砖地面。金砖是古时专供宫殿等重要建筑使用的一种高质量的铺地方砖，也称京砖（图2-3）。因其质地坚细，敲之若金属般铿然有声，故名金砖。由于质量要求严格，故金砖的生产中成品率低，往往十不得其二。金砖的生产工艺包括：七道取土工序，去土性、成坯入窑、草熏、柴烧等，一窑砖需烧半年。金砖尺寸最大的二尺见方，稍小的有一尺七和一尺四见方。

图2-3 金砖铺地

金砖因材料精细，做工复杂，因此，在一般古建筑中并不能随意使用。即使在故宫，金砖的使用面积也很有限，多集中在中、东、西三条主要路线上。只有中路三大殿使用二尺见方的最大金砖。为保证金砖的制作质量，传统做法是在每一块金砖上均压制制作者的款识以备查（图2-4）。

图2-4　标志制作者款识的金砖

金砖地面做法与"盒子面"方砖地面做法相似，但表面要求更加平整精细。检查时使用软平尺沾红土刮扫砖面，以显现表面之高低。现代已能使用超平仪器检测。金砖地面做法中灰缝使用白灰或沙子，在钻生之前，先用墨矾水泼洒两次，然后钻生、烫蜡，称为"钻生泼墨"。

④ 糙墁地面。糙墁地面砖料不用砍磨，一般用于大式建筑的室外部分，或小式建筑的室内外地面。

（2）砖墁地面的排列形式与技术要求

① 方砖斜墁。方砖斜墁的做法一般为细墁，多用于室内讲究的厅堂地面（图2-5）。

② 方砖十字线。方砖十字线是地面最常见的铺墁形式，既用于金砖、细墁地面，也用于淌白和糙墁地面（图2-6）。

图2-5　方砖斜墁地面

它可以铺墁室内、廊子、亭子、甬路等地面（图2-7）。其特点是看面大，灰缝少，易平整，易清扫保洁和维护保养。

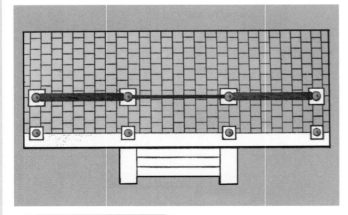

图2-6　方砖十字线地面

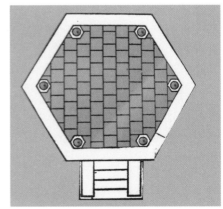

图2-7　方砖十字线地面（亭子）

③ 条砖地面排列。条砖一般用于室外地面和散水，排列形式灵活多样。简单的如连环锦、套八方、褥子面、步步锦、八方锦、席纹、人字纹等（图2-8～图2-11）。装修时选择条砖地面要适合建筑的等级标准和外观形式。

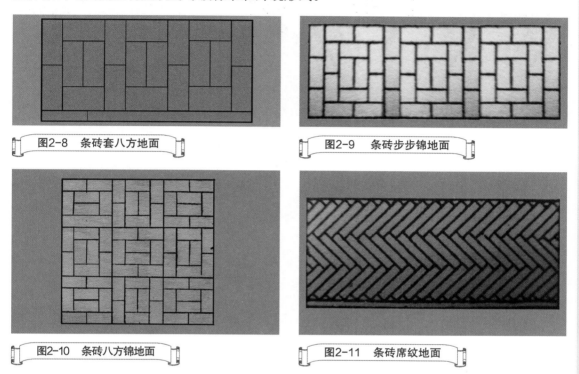

图2-8 条砖套八方地面

图2-9 条砖步步锦地面

图2-10 条砖八方锦地面

图2-11 条砖席纹地面

» 2. 石材地面

典型的中国古建筑室内地面一般采用的是砖铺地面。古代历史晚期，部分位置开始采用石材铺地。在近代古建筑特别是仿古建筑的室内用石材铺地已经较为多见。所用石材一般为大理石和花岗岩，也有将各类沉积岩石料用于古建筑地面铺装，如豆瓣石类。

中国古建筑的用材也很注意环境的安全。石材为地下开采之物，古人认为其为性阴，不适合室内使用，类似当今对石材放射性的考虑。因此，石材一般多用于室外台基、栏杆等处，或用于墓地装修。经科学检测和研究，不同石材的放射性差别较大。如大理石、板石、黑色花岗石等，基本属于A类石材，可以不受任何限制使用。

（1）豆瓣石地面

豆瓣石又称为"花斑石""竹叶石"或"五音石"，是鹅卵石和碎石经多年高温沉积而成的沉积岩，质地坚硬，加工困难。它具有斑斓的色彩和漂亮的石纹，磨光烫蜡后，外观精美。豆瓣石多产于河南浚县善化山。元代修大明殿所用的豆瓣石就采于此地。明清两代修建的陵园、宫殿多用此地豆瓣石。

豆瓣石一般用于宫殿的特殊位置，也可用于古建筑室内地面以及外廊和其他需要高档石材铺地面的房间（图2-12～图2-14）。豆瓣石因为在特殊地质条件下形成，因此，其矿脉难寻，储量少，价格高。中国古建筑中只有个别部位使用。

图2-12　豆瓣石方砖

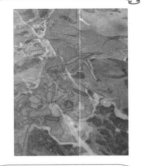

图2-13　豆瓣石铺地

图2-14　豆瓣石铺地示意

　　豆瓣石因为是碎石经过摩擦而表面光滑的石子与沉积岩的混合，与人工石中的水磨石很相似，切不可与其混淆。

　　（2）大理石地面

　　大理石有不同的品类、颜色和花纹。白色大理石俗称"汉白玉"，其中又细分为水白、旱白、雪花白和青白四种。按照放射性元素标准，它可以在建筑物室内外使用。但中国古建筑中，一般将其用于古建石作，如台基、栏板、台阶等处；作为地面一般用于甬路、御路（图2-15）、园林地面和仿砖地面。黑色或彩色大理石用于室内要根据室内用途和装修情况而定，多制作成表面光洁的样子。其他石料地面，可做成光洁的"扁光"，也可"打道""刺点""剁斧"或"砸花锤"，以便于行走。大理石用于装修室内地面多用在厅堂类公共房间。由于大理石有不同品种和花色，在设计时需要考虑与室内环境的协调。

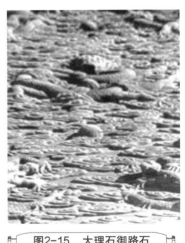

图2-15　大理石御路石

　　（3）青白石地面

　　青白石地面一般无明显花纹和色彩变换（图2-16），但是其造价低，耐磨，一般用于室外地面或甬路。

　　（4）花岗岩地面

　　北方花岗岩分为虎皮石（图2-17）和豆渣石（图2-18）两类，均可做室外地面。

图2-16　青白石及制品图样

图2-17　虎皮石　　　　　图2-18　豆渣石　　　　　图2-19　硬木条形地板

石料地面中大理石可用于室内。

» 3. 木地板

在中国古建筑中使用木地板，见于清代后期。民国及当前的室内装修中已经广泛使用各类木地板，早期多在卧室、书房等内庭部位使用。对于历史遗留的古建文物，如宫殿、皇家园林建筑等，需按照有关规定严格保留其原有地面做法，一般不得使用新型材料替换。木地板按照其结构层次有三种做法：一是基础部分在地垄墙上铺设龙骨（木楞），龙骨之上铺设地板；另一做法是基础部分使用硬质垫层，如素混凝土，垫层上铺设木地板；还有一种是在垫层上铺设龙骨，再按第一种工序铺设木地板面层。

图2-20　硬木拼花地板

木地板的面层构造又分为条形木地板（图2-19）和拼花木地板（图2-20）。拼花木地板如做在地垄墙的龙骨之上，需先铺设条形毛地板，毛地板上再铺设拼花地板。

木地板质地细腻、光滑、美观，蓄热性能好，有弹性，使用舒适。除了适用于卧室、书房等内庭房间，在不属于古建文物的建筑中，也可以铺设于厅堂类房间。

木地板的木材一般选用耐磨的硬木或硬杂木。要求纹理清晰美观，材质坚硬，不变形、无异味。常见木材有橡木、柚木、桦木、龙眼木、白蜡木、龙凤檀木（二翅豆）等。设计者需根据具体要求选择使用。

» 4. 铺地

铺地是使用砖雕或瓦条集锦、花石子拼花等艺术手法，在主路附属部位装饰路面、美化环境的地面做法，多用于南方的园林铺路（图2-21）。在宫殿、王府、园林内也有此做法。

图2-21　铺地

（1）方砖雕刻铺地

方砖雕刻地面一般用于甬路的局部，其两侧散水可以铺"花石子地"或瓦条集锦地，用瓦条组成图案，铺装甬路。

（2）花石子甬路

用各色石子，按设计图案拼花，多用于南方园林，也用于北方御路和散水。

» 5. 其他地面做法

近现代建筑包括古建形式建筑室内地面的做法，除了传统古建形式的地面，在必要时也会应用其他做法，如地砖地面、花砖地面、仿古砖地面等。至于近代特殊材料地面在古建形式的建筑物内使用，设计者需对其材质、外观、性能进行考察对比，使被选用的材料与建筑的形式与风格相适应与协调。可见，在对现有古建形式的建筑物进行装修时，不仅仅是照例按一般的要求进行方案设计，还必须区分建筑形式、年代、用途等多种因素设计地面做法。其目的是使局部设计与建筑物总体协调一致，避免建筑技术、建筑文化在修缮中出现"穿帮"现象。

» 6. 关于古建装修地面做法与选择的建议

凡是具有历史依据的典型古建筑，其内外地面一般按原做法修缮或复原。个别部位因使用要求改变而需要改变做法的必须经过严格鉴定和批准。

典型古建筑内部地面，一般按其级别选择方砖地面的金砖、细墁和淌白做法。主要房间的室内不选用条砖地面。

古建筑早年在修缮中曾因种种原因无法选用方砖地面而使用水泥砂浆地面的，尽可能修复为原有做法。

现代建造的中式古建筑，如需要按历史性古建筑进行完整修缮，可以参考典型古建筑修缮地面，也可以对其附属用房选择与使用更适当的做法设计地面。如卧室和书房采用更舒适的木地板地面；厨房、浴室采用防滑、防水的石材地面；车库采用石材或混凝土地面。

豆瓣石是传统古建筑物早已采用过的高档石材，故此，在现代建造的古建形式建筑中，厅堂不适合使用方砖地面，可以使用豆瓣石地面，它比其他石材更具有典型意义。

第二节　室内墙面装修

一、墙面抹灰装修

墙体是建筑物的主体部分，分为承重墙和非承重墙两类。墙体无论承重或非承重，都具有维护作用和分隔作用。墙面装修具有增强维护和使墙体美观适用的作用。墙体占用室内视觉空间面积的三分之二，对于建筑物室内的环境质量和形象气氛起到很重要的作用。墙体还为室内装修和家具陈设提供色彩、形象和文化内涵的背景。

墙面装修大致可分为基层、面层和装饰层三部分。基层是直接做在墙体上的构造层，它承载其上面的面层、找平层和结合层。有的墙体还需要在基层上设保温层和隔热层。面层是墙面装修的主要构造层，它直接表现室内的形象和质量水平。装饰层做在面层之外的表层，既起到保护面层的作用，又起到美化室内与表现室内气氛的作用。

» 1. 墙面简易装修

对于普通或简易房屋，按照其使用要求和使用年限，可采用简易装修。最简易的墙面装修适用于临时性建筑，如大泥抹面或滑秸泥抹面，称"泥底灰"或"滑秸泥灰"。至于表面处理，可以采用压光工艺，或刷白灰浆即可。

» 2. 靠骨灰墙面装修

靠骨灰是墙面装修的传统做法，底层和面层均用麻刀灰。按其颜色的不同有"白灰""月白灰"。其表面再刷色浆的有黑灰色的"青灰"、红色的"葡萄灰"和黄色的"黄灰"。

» 3. 室内墙面装修及其面层装饰

室内墙面装修其基层和面层都要比室外更严格，材质与工艺要求更高。除了使用传统的材料和工艺抹灰，以保持建筑物历史文物的性质外，还要在不影响此特殊要求的情况下合理使用适合建筑特点的新材料和新工艺。但是，墙体的面层必须保持其传统建筑自身的特点。

室内墙面抹灰装修还需要根据室内使用要求、使用年限、清洁卫生和气氛形象，在抹灰装修层上再做装饰层。简易的装饰层是喷涂大白浆、色浆和室内专用的无光漆或内墙涂料。近些年还出现了各类壁纸和壁布。

在传统室内装修中，内墙使用银花纸或贴绢的做法，显得素雅大方，且具有传统文化特色（图2-22～图2-24）。

图2-22　绢贴墙面

图2-23　绢贴墙面实例（作者设计）

图2-24　厅堂绢贴墙面实例（作者设计）

二、墙面木装修

墙面木装修是墙面的高级装修，包括木墙裙、木墙板、筒子板、墙面挂镜线等。内墙装修的太师壁，实际上也是一种墙面木装修，只是其中含有更多的文化和艺术内涵。

墙面木装修用于保护墙体，还能使环境变得舒适、整洁，特别是能起到防寒保暖的作用。据测定，有护墙板和无护墙板的房屋室内外温度可以相差7摄氏度。可见，这类装修不仅具有保护性和舒适性，在采暖与度夏的费用上也颇有经济意义。

墙面木装修的材质要求质轻、防火、防虫蛀，还要求美观、无异味、无有害气体。常用的木材有榆木、南榆、水曲柳、橡胶木、樱桃木、胡桃木等。高级木料装修有的使用高级木材，如草花梨、白酸枝等。

» 1. 木墙裙

木墙裙是用来保护墙体下部的装修，在有人居住的房间，墙体下部是人接触最多的部位。木墙裙厚度一般在18～20毫米；高度在1.2米上下，也有的更高。故此，木墙裙的高度一般以此高度定位，但根据住户的要求还会略有高低差别。如果室内有家具，如条案、架几案等，木墙裙的压顶线应该高于架几案的案面，以完整地显示出木墙裙的压顶部位（图2-25）。木墙裙包括墙裙、压顶和踢脚板三部分（图2-26）。在墙裙部位可设计中心花，多为圆形吉祥图案；压顶线可做各类纹饰或镶嵌。

图2-25　木墙裙与架几案陈设的高差关系

木墙裙在室内应分段制作和安装。其高宽比例要适度、美观。这需要设计时按照墙面长度划分墙裙宽度和数量，分隔均匀。安装时，先装踢脚板，可用膨胀螺栓或钢钉固定，然后将墙裙插入踢脚板内，用钢钉加固即可。

图2-26　墙裙及压顶、踢脚板

» 2. 木墙板（全高护墙板）

木墙板是西式建筑的墙面做法，早期的中国古建筑中，并无所见。但是，中国古建筑的历史变化是一个渐变的过程，由于新的历史时期出现了新的做法和技术，有些变化便有机地融入古建筑之中。因此，很难区分中国建筑各个历史时期的特点和差异。而西式建筑的历史差异明显，比如哥特式、拜占庭式、巴洛克式建筑的特点明显不同，故此，西式建筑的渐变性不明显。中式建筑既融合国内的渐变因素，也融合国外的渐变因素。鸦片战争后，西方列强在中国建立租界，西洋风格建筑大量输入中国，曾经出现了一个模仿西式建筑的风潮。这期间，不但在总体风格上出现了"中西合璧"式建筑，在建筑局部如室内装修，也出现此类现象。木墙板就是在这一时期出现的。20世纪60～70年代，在普查北京大型中式四合院和做有关的修缮设计时，已经在这些类型的中式建筑中普遍使用了木质护墙板的装修做法。

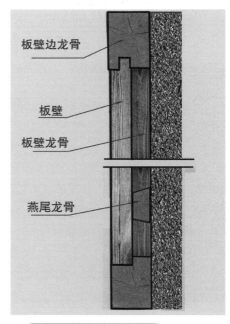

板壁边龙骨

板壁

板壁龙骨

燕尾龙骨

图2-27　板壁安装示意

木墙板在中国古建筑中称为"板壁"，其构造和安装与护墙板太师壁类似。由于板体重量大，不同于护墙板，故此，贴墙面均要有装配用龙骨（图2-27）。在寒冷和潮湿地区，全高护墙板与墙面之间铺设防潮层和隔热层材料，特殊房间需要做隔声墙板，与全高护墙板做法类似（图2-28）。带有楹联的全高护墙板，可作为太师壁背景墙（图2-29）。

图2-28　全高护墙板

图2-29　带楹联的全高护墙板

» 3. 挂镜线和筒子板

挂镜线是设在墙体上端用于悬挂书画镜片类装饰物的木线，主要作用是承载悬挂物，保持室内整洁，墙面完整。一般是将坚韧不易开裂的木材，制作成条状木线，可以是素直线，也可以根据室内装修特点设计雕刻纹饰。其宽度在5厘米左右，厚度约为1.5厘米，距墙顶10厘米左右。详见图2-30～图2-32。

筒子板是门洞处内侧的装饰木板，用于保护门口处的墙体，使门洞安全、洁净和美观。如果是隔断墙厚度小，如单砖墙，可以不必单独设计筒子板，如果墙体是北房与耳房交接处的双批墙，厚度可以达到80厘米，为了不在洞口处暴露砖墙，故做筒子板。其材质和做法与一般墙板相似。

图2-30 单板式挂镜线

图2-31 带有浮雕纹饰的挂镜线

图2-32 与天棚角线交接的挂镜线

注：中间是浮雕贴金饰板，饰板下为挂镜线。

第三节　吊顶与天花装修

一、吊顶

　　屋盖与室内隔开的构造层，即为吊顶，或称顶棚。早期的中国传统民居使用廉价的纸顶棚，由秫秸秆附裹纸张搭接成顶棚的构架，下面糊纸。此类工程一般由专做棚户的棚匠施工制作，目前此类顶棚已经基本消失。20世纪50年代，中国效仿苏联，建设了一批楼房，楼房的楼板只抹灰不吊顶。其顶棚是在楼板之下抹混合砂浆找平层，之后抹水泥砂浆或白灰砂浆面层，最后喷大白浆完成。在较高大的建筑房间如大厅、会议室、餐厅等处，需要吊顶棚，多是搭接由大龙骨和小龙骨组成的顶棚构架，构架下面钉板条，抹混合砂浆垫层、白灰砂浆面层，喷大白浆，完成顶棚装修。平房民居中的此类顶棚，有的在构架下面钉苇箔，再在苇箔上抹灰，即为苇箔吊顶。这三类顶棚目前虽然还有部分房屋保留原样未损，但已经是风烛残年的"老物"了。新建住宅的顶棚几乎没有此类做法了。

二、天花

　　中国古建筑的屋顶下所设的顶棚，即为天花。天花在传统古建筑施工中属于"小木作"。常用的古建类天花有井口天花和海墁天花两类。

» 1. 井口天花

　　井口天花是明清两代建筑中天花的最高形式。其做法是在室内天花位置，设帽儿梁、天花支条和天花板，组成井口天花结构（图2-33）。支条为纵横交错的木梁，交织成井型，并带裁口。每井天花在裁口中装入天花板一块，每块天花板背面均有穿带二道，正面刨平，绘制彩画图案。
　　支条是搭接天花板的承载结构，由通支条、联二支条和单支条组成；建筑面宽方向设通支条，进深方向设联二支条，在联二支条之间卡设单支条。每根通支条上

图2-33　井口天花结构平面图

均设有帽儿梁，两端搭在天花梁上，再用铁吊杆吊在屋顶结构的檩木上。井口天花局部剖面图见图2-34。

井口天花的正面刨光用于彩画。井口彩画一般需要根据建筑物的档次、用途和房间的装修布局、风格设计图样。其可选择的彩画做法有几十种之多，大体分为龙天花、龙凤天花、凤天花、夔龙天花、西番莲天花、金莲水草天花、红莲水草天花、宝仙天花、六字真言天花、云鹤天花、团鹤天花、五福捧寿天花、四合云宝珠吉祥草天花等。做工更细的还有木雕纹饰天花。详见图2-35～图2-40。

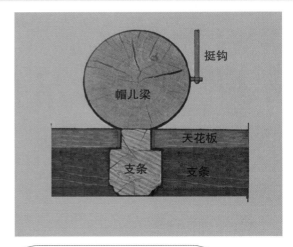

图2-34　井口天花局部剖面图

图2-35　木雕天花（一）

图2-36　木雕天花（二）

图2-37　升降龙纹井口天花

图2-38　牡丹纹井口天花

图2-39　西番莲天花　　　　　图2-40　六字真言天花　　　　　图2-41　井口天花彩画

　　井口天花在井口内中心是圆鼓子或方鼓子，用于绘制主题纹饰。四角为岔角，多画岔角云或把子草；支条一般为绿色，交界处十字中心画轱辘纹，四侧为燕尾云纹（图2-41）。

　　井口天花的彩画也可以做成"云楸木彩画"形式，底色为清木纹，纹饰为沥粉贴金（图2-42），亦有简洁、高雅之效果。

图2-42　木雕贴金纹饰天花与云楸木沥粉贴金支条（作者设计实例）

» 2. 海墁天花

海墁天花是一种没有井口的平面天花。平面由数个木顶格组成，木顶格类似隔扇，由边框、抹头和椽条组成，构成海墁天花的基层。木顶格用吊挂钉在贴梁上，每扇木顶格用四根吊挂。木顶格结构剖面图见图2-43。

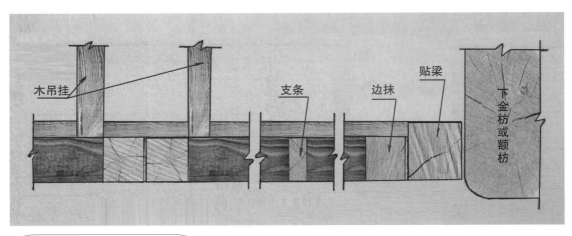

图2-43　木顶格结构剖面图

木顶格的下面糊纸或麻布，可以绘制各类彩画图案，即为海墁天花。因为木顶格是框架糊纸，其重量比井口天花的木板轻，从而减轻了屋顶下面顶棚的荷载。而且分扇制作与安装，便于施工与维修。

海墁天花可以在组合的木顶格的纸质面层上绘制各类彩画图案，不受井口大小限制。也可以在组合的平面上绘制井口天花图样（图2-44、图2-45）。

图2-44　海墁天花

图2-45　绘有藻井和井口天花图案的海墁天花

三、藻井

藻井又称为龙井、绮井、覆海等，是室内天花的重点装饰。因为其高度大，形象威严雄伟，装潢富丽堂皇，故一般设置在室内空间高大的宫殿、坛庙、寺院、离宫等处。它位于主要殿堂的中心部位，与王位宝座、神像供桌上下对应。所谓"藻井"，《风俗通》曰："今殿作天井，井者，东井（星名，即井宿）之象也；菱（指荷、菱、莲等水生植物），水中之物，皆所以厌火也。"故以此义镇压火灾。

宋辽金时期，藻井采用"斗八"形式（图2-46），即由八个面相交向上隆起，成穹窿式顶，共高五尺三寸。下曰方井，中曰八角井，上曰斗八，最上为顶心。顶心下设垂莲，内安明镜。

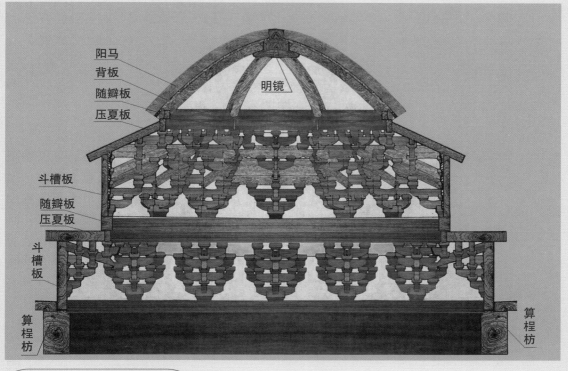

图2-46 宋式斗八藻井彩图

注：算桯枋组成藻井的方形外框，其四角内置短枋木，组成八角井口。

明清时期的藻井造型华丽、高大，由上、中、下三层组成。下为方井，中为八角井，上为圆井。其方法是由一层层纵横井口的趴梁和抹角梁按照"四方变八方，八方变圆"的外形叠落而成。最上层的圆井由厚板挖拼而成。圆井最上方设有盖板，称"明镜"。明镜之下，设蟠龙倒悬，口含宝珠。总体造型神圣辉煌，大气磅礴，具有神圣的装饰效果（图2-47、图2-48）。

图2-47 天坛祈年殿藻井

图2-48 故宫养心殿藻井

图2-49 灯槽式藻井（作者设计实例）

除了宋辽金时期的斗八藻井和明清时期的藻井外，还有其他类型的藻井。其中，除现代室内装修，除宫殿、寺庙等古建筑外，一般很少有室内可以设置藻井的建筑。故此，宽阔的殿堂类建筑设置藻井时，可以将藻井设计为一层结构，最下层是方井，用四个抹角枋，趴在井口四角，做出四个岔角；内圈为八角形，周边隆起，四壁设斗栱，或做沥粉贴金云龙纹饰；顶部设蟠龙式井盖灯花，口含灯具。这样的"灯槽式藻井"，依然具有厅堂中心装饰效果和中国古建筑风格（图2-49）。这种设计所占用的天棚高度空间少，施工简单，造价相对低，已在不少室内装修中使用。在设计藻井时，需考虑建筑室内装修的风格要与藻井协调，不可有穿越古今之感。

第四节　花罩与碧纱橱

　　花罩和碧纱橱是古建筑室内装修的重要部分。因为设计复杂，做工精细，技艺高超，它们不仅用于室内分隔，还是室内装修装潢的艺术品，使建筑室内具有深度文化与艺术内涵。

　　花罩和碧纱橱一般设置在建筑室内进深方向，分隔房间，并且能表现出各房间的档次与主次关系。

一、碧纱橱

　　碧纱橱是古典建筑室内沿进深方向分隔房间的"隔扇"。碧纱橱由槛框、隔扇和横批窗组成（图2-50）。其数量由室内进深尺度决定，一般在六至十二扇的双数之间。其中选择适当位置留两扇可以开启的，作为两房间的通行门位，并根据需要，在外侧安帘架，装门帘。

　　碧纱橱的裙板和绦环板上可以雕刻山水人物，也可以做金玉镶嵌。仔屉为夹樘做法，两面夹纱，可以绘制人物故事，撰写诗词歌赋，在室内起到极强的装饰作用，表现中国传统文化的深厚和历史传承。

　　碧纱橱的裙板和绦环板装修，有的达到极致，成为室内的艺术收藏和艺术欣赏珍品，一般使用黄花梨、紫檀等高级材质，采用浮雕、镶嵌和精细的手工制作工艺（图2-51）。但此类碧纱橱在当前一般室内装修中可作为艺术参考，不宜普及应用。

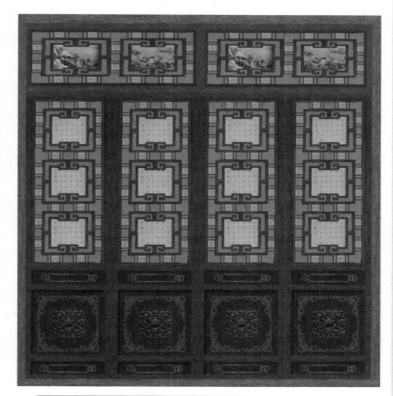

图2-50　碧纱橱和横批窗（作者手绘）

图2-51　精美的硬木贴雕裙板和绦环板（作者手绘）

二、花罩

花罩是室内各类"罩"的统称。按其大类区分，有落地罩、栏杆罩、落地花罩、炕罩等。落地罩中又有圆光罩、八角罩和一般形式的落地罩。落地罩通常安装在室内进深方向的柱间，分隔室内各明间、次间和稍间，使室内空间既有分隔，又有联系。

» 1. 落地罩

落地罩是构造比较简单的罩，由抱框、上坎、中坎组成框架。上方装横批窗，两侧装隔扇。可以安装在进深方向，也可以安装在开间方向（图2-52）。

» 2. 栏杆罩

栏杆罩是一种以中间为主，两边为次的三开间花罩（图2-53）。整组罩子共三樘，中间似几腿罩，沟通两侧出入；两侧

图2-52 大厅落地罩（几腿罩）

上装花罩，下装栏杆；栏杆两侧便于陈设家具，故称为栏杆罩。此类花罩尺寸大，做工复杂，用于进深较大的房间，以显示华丽精美的工艺与文化内涵。它在室内分隔开间方向房间，使室内空间分而不隔，有光线充足、视觉通透的特点。栏杆罩在宫殿和大型中式建筑中常被使用。

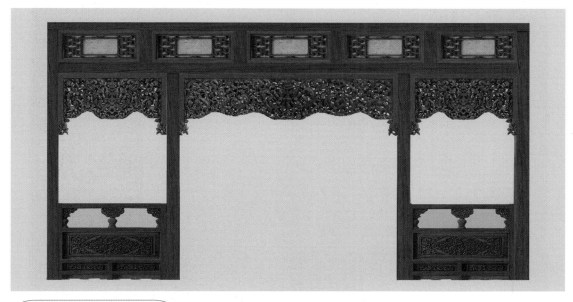

图2-53 卷草纹栏杆罩

» 3. 落地花罩

落地花罩是花罩的一种，其框架类似几腿罩，由横楣竖框组成框架（图2-54）。在挂空框之下所安装的花罩沿抱框在两侧向下延伸，落在下面的须弥座上。落地花罩富丽堂皇，在室内具有很强的装饰效果。花罩的花板又具有丰富的文化内涵，有的带有文字或匾额，如"富贵白头""吉祥如意"等，适合用于不同的房间。

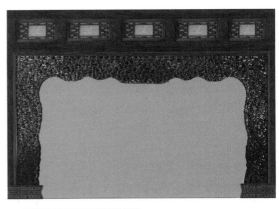

图2-54　落地花罩

» 4. 炕罩

炕罩又称床罩，是安装在炕或床榻前面的花罩（图2-55）。挂上帏帐，可以遮挡炕或床，使居者休息或睡眠时免受打扰。室内高度大者，床罩之上加顶盖。为装饰床榻，炕罩四周可加毗庐帽，更显得肃穆安静。

图2-55　炕罩（作者手绘）

» 5. 其他类型花罩

　　花罩还有其他类型，如圆光罩、八角罩、宝瓶罩、几腿罩等（图2-56～图2-58）。此类花罩一般是沿进深方向做满装修，为了两侧过往方便，以罩代门，如同庭院中的月亮门，还可以使室内通透明亮。但是在当前的室内装修中，因房间大小与殿堂类建筑相差太大，故较少使用此类花罩。

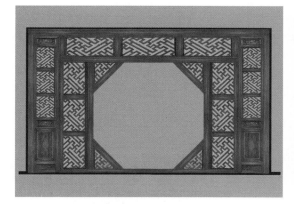

图2-56　八角罩

图2-57　宝瓶罩（作者手绘）

图2-58　明间与次间之间的几腿罩（作者设计实例）

第五节 室内门窗

一、门窗

　　室内门窗一般是指不通室外的门和窗。因此，其位置应该是在室内的隔墙上，如硬山墙、隔扇墙、碧纱橱等位置。此位置多是建筑的进深方向，除非该建筑在修缮或使用中格局发生改变，在进深之间另加了横墙。在横墙上安装了门窗，亦属于室内门窗。位于隔扇或碧纱橱位置的门，一般均与双扇碧纱橱相同。由于室内交通和分隔需要，也可以在内门上加装帘架。此帘可在室内房间之间起到视觉分隔或声音隔绝的作用。如果山墙上单开门或窗，便可以按单独门窗样式设计。门可以用板门或半截玻璃门，如果室内装修总体效果需要，也可以安装双扇玻璃门或隔扇门。此类双扇门如果装在山墙的墙面上，对面与碧纱橱之类装修相对应，需注意与这些高档次装修的呼应与搭配。必要时门上方可加设门头或毗庐帽。详见图2-59～图2-62。

　　室内门窗装修，除了山墙上或沿进深方向隔扇与碧纱橱上的门与窗，前后檐的门、窗也与室内装修具有紧密的关联。虽然这些门和窗常被称为外檐装修，但其实外檐装修的门和窗多是双面装修。这些门窗，既装修了外檐，也装修了室内。特别是门窗的采光、通风、交通等重要作用，对室内尤其重要。所以在进行室内装修时，除了严格注意室内装修与家具、陈设的协调配合作用，还要注意外檐装修与室

图2-59　硬山隔扇门带毗庐帽效果图

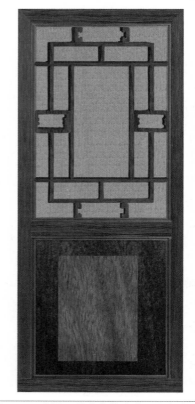

图2-60　山墙开单扇半截玻璃门或夹纱门

内装修的协调一致和规格统一。

　　建筑外檐的隔扇、风门、横批窗、槛窗等，是建筑物正面的重要装修，是建筑物的"脸面"。而且这些装修都是双面纹饰构造，既可以从外面观看，也可以从室内观看。所以室内装修必须考虑外檐装修的做法和风格。

　　此外，外檐和室内装修的区别是室内的高级装修常用硬木、清漆或烫蜡；外檐常用松柏类木材，木材表面需要做地杖，并依次做油漆成活。因此，从视觉效果分析，二者便有粗细之分。室内装修的"细活"在视觉上要与外檐装修的内侧统一于一个室内空间之中，外檐装修的内侧就需要注意不少装修的细节。

图2-61　室内带帘架的隔扇门（作者手绘图）

图2-62　内墙门

二、窗帘盒

　　窗帘盒是在窗帘悬挂部位安装窗帘杆的配件，一般设双轨窗帘杆，即外侧悬挂纱帘，用于夏季调节光线和遮挡室内；内侧悬挂遮光和保温的窗帘。窗帘盒的材质和造型需与室内其他装修协调。可以采用清木纹沥粉贴金的纹饰，也可以采用木雕或平素做法。详见图2-63～图2-65。

图2-63　清木纹窗帘盒立面图

图2-64　清木纹沥粉贴金窗帘盒立面图

图2-65　硬木金镶玉沥粉贴金窗帘盒

木制窗帘杆安装在窗帘盒外侧，金属窗帘轨需在墙上装埋件固定，电动窗帘需预留电源。窗帘盒的尺寸，其高度一般应足以遮盖窗帘轨道，宽度约为100～150毫米。室内门窗从室内视觉效果考虑，比外檐要求要精细得多。室内所见外檐门窗实际上也产生室内门窗的视觉效果，因此，室内装修也要包括室内所见外檐门窗的装修和装饰，如窗下的坎墙处理和护墙板样式，窗帘盒样式和材质，窗帘、垂带、流苏与门窗材质、色泽的配置都要协调（图2-66）。

图2-66　外檐门窗在室内的装饰效果图

博古架、毗庐帽、太师壁、匾额与楹联

一、博古架

博古架是一种陈设用阁架，与家具中的多宝阁类似（图2-67）。只是博古架是固定安装在建筑物中，一般沿进深方向安装，同时起到分隔房间的作用。博古架一般分为上下两层，上层分格设架，用于陈设文物或艺术品；下层为板柜，可以藏书、储物。在沿进深方向布置时，可在中间留门，以便室内通行。

博古架高度一般在3米左右，太高不便于存拿物品，也不利于使用安全。上部可做朝天栏杆或板壁，雕饰文字或图案。

图2-67 博古架带中门

二、毗庐帽

毗庐帽是一种带有宗教色彩的装饰物，多用于佛堂神龛。其式样为船形，两边略翘起，中间或做成如意头形，或为冠叶形，表层雕有祥云、龙、凤、宝相花等纹饰，并施彩绘贴金（图2-68、图2-69）。除用于宗教场所外，还大量用于宫殿建筑装饰。重要殿宇室内的东西暖阁多以毗庐帽作为出入之门的装饰。建筑内部装修、家具、屏风、炕罩等，亦有以毗庐帽饰为头冠者。

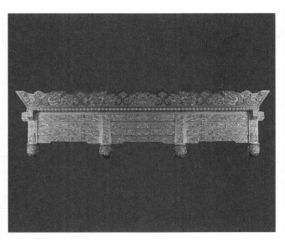

图2-68 毗庐帽

图2-69　隔墙门上的贴金毗庐帽（作者设计）

三、太师壁

太师壁是一种板壁，做法如前板壁所述。太师壁一般多用于南方住宅或一些公共建筑中，安装于堂屋的后壁中央，上面雕刻或用棂条拼成各种花纹，或在板壁上悬挂字画，正中悬挂祖先容像。太师壁两侧靠墙处各开一小门，通往后边隔间或者楼梯（图2-70～图2-72）。壁前设条案或翘头案，案上按北方习俗可放成套瓷器，多为五件，中间高大，两侧略低，势如山形。中间一般放尊，表示主人的尊贵。也可自东向西分别放置花瓶、自鸣钟和镜子，寓意"东瓶西静，终身平安"。案前放置八仙桌，另放茶具。

图2-70　南式太师壁效果图（作者手绘图）

图2-71 板壁（太师壁）（作者设计）

图2-72 太师壁效果图

四、匾额与楹联

» 1. 匾额

匾额是古建筑的组成部分，是古建筑的标识，可表达其主题。用以表达经义、感情之类的属于匾，而表达建筑物名称和性质之类的则属于额。总之，悬挂于门屏上作装饰之用，反映建筑物的名称和性质，表达人们的义理、情感之类的文学艺术形式即为匾额。但也有说法认为，横为匾，竖为额。匾额一般挂在门上方、屋檐下方。匾额是中华民族独特的文化精品。按其性质区分，大致可以分为五类：堂号匾、牌坊匾、祝寿喜庆匾、商业字号匾、文人的题字匾额等。按其建筑材料来分，大致可分为石刻匾额、木刻匾额及灰制匾额等。

匾额是一门学问，但是，由于历代传承或各地文化，以及个人学识层次、文化认知的差异，有不少大同小异的说法。在建筑室内装修中，主要以室内匾额、楹联的设计为主。在庭院和建筑外观的设计中，也需要对室外的匾额与楹联做出设计。

总体上最高档次的匾额多为竖匾，如宫殿、城楼、名刹等处，而其纹饰多为龙匾或凤匾。因为此类竖匾成"斗"状，故俗称"斗子匾"（图2-73~图2-77）。竖匾之外多为横匾，横匾多是以龙、凤、云、花草为纹饰制边，俗称"花边匾"，用于王府、园林、寺院等处（图2-78）。商家用匾多是横匾中的"平面匾"，一般无边框纹饰，以黑色板面金色字号为多。其字体在平面匾上，用堆灰做成立体形，实际是做地杖，打金胶贴金而成（图2-79）。除了长方形匾额外，还有各类异型匾额，如扇形、桃花形、书卷形等，可根据建筑及房屋用途选择设计。

匾额多由名人题字（图2-80）。历代知名文人都有历史留存的匾额。还有帝王题字、名臣题字、元首题字等，形成了历史中的翰墨大观。

图2-73 如意头斗子匾

图2-74 安装于外檐的云龙纹斗子匾

图2-75 横置斗子匾

图2-76 释迦塔横置"天下奇观"斗子匾

图2-77 太庙龙纹斗子匾

图2-78 云龙纹琉璃花边匾

图2-79 堆灰贴金平面匾

图2-80　习古堂龙凤匾及楹联（作者设计，罗哲文题字）

图2-81　霸州益津书院匾额与楹联

» 2. 楹联

　　楹联一般是装在建筑物内外柱子上的对联，有平板式和抱柱式两种。平板楹联一般置于方柱或墙壁之上；抱柱楹联是随圆柱弯曲的圆周面制作的，以便悬挂后与圆柱贴合。楹联上下一般可做适当纹饰，即称"天地"纹饰。木制楹联一般按古建筑木作装修做法油饰，还需要对纹饰进行彩画或贴金，对文字堆灰做地杖后漆饰。详见图2-81～图2-84。

　　楹联的内容分为多种类别，因此，需要针对不同建筑，不同房间，不同住户身份、爱好等选择内容，切忌生搬硬套、东抄西借。

图2-82　云龙纹双色金抱柱楹联

图2-83　堆灰贴金抱柱楹联

图2-84 云龙纹名人抱柱楹联

匾额和楹联设于建筑物上的，一般比较厚重，注意多种造型的不同用法；在室内陈设的书画类楹联一般装饰比较简单。详见第五章所述。

第三章

中国古建筑室内家具与陈设

第一节　室内家具概述

　　建筑为人类生存提供必要的防护条件，它使人类的生活安全、安定和舒适。而且在人类发展历史中，建筑不但代表了人类的高度文明和文化发展，也显示了人类科学技术的进步与成就。

　　建筑是人类用来居住的，或生活，或工作，或用作其他场所。建筑之内，必须有供人们正常生活、工作或保存物品的器具设施。于是在建筑之内便出现了家具，以供人的坐、卧，方便物的摆放与存储。如此，人类从席地而坐到居榻的使用，再进步到垂足而坐。明清时期家具种类繁多，其制作水平达到巅峰，体现了家具的科学功能和艺术光辉。可见，家具是人类居室文明的重要载体，在家具的长期创造与发展中，体现了人类的智慧与创造力，积淀了丰富的历史和文化内涵。

　　中华民族历史悠久，中国古典建筑在当前社会中依然有一定的数量，其中主要是明清式建筑。与其相对应的家具也是明清式家具，它们被使用在典型的明清式建筑中，或者作为特别需要的室内装饰与陈设。

　　家具始于夏商周三代，兴于唐宋，盛于明清。明代家具制作水平达到了中式家具的巅峰。此时，建筑空间形成了按功能划分的不同房间如厅堂、卧室、书斋等，它们分别有相应的配套家具。家具的摆设也形成了以对称为主导的布置形式，陈设也会根据房间面积大小和使用要求采取均衡布列、灵活设置的方法。明代家具形成了完备的形制，也达到了相当高的艺术成就，在世界上确立了明式家具的显赫地位。清代家具的华丽装饰超过明代，在制作技法和装饰手法上采用了镶嵌、雕刻、彩绘等手法。其制作工精料细，体现了稳重、精致、豪华和艳丽的风格。

　　家具制造地区的不同，也产生了不同的风格。家具形制因地区和产区不同而不同，大致有京式、苏式、广式、晋式、甬式（宁波）、海式（上海）等。在设计和使用时需要掌握其各自的特点。

　　按照家具的用途，大致有椅凳类、桌案类、床榻类、柜架类和屏风类等。古建室内装修与陈设，其中家具是很重要的部分，它既要考虑与室内装饰风格的统一，又要满足使用者对使用功能的要求。熟悉家具是室内家具陈设的基础条件，包括家具的类别、样式、功能等。家具既是生活实用品，也是艺术品，包含了中国长久的历史文化与技艺沉淀。

家具、陈设与建筑室内空间的关系

　　既然家具是房屋功能的补充，其所发挥的作用必然与建筑是一致的，两者是互相依存和互相补充的关系。室内空间为家具、陈设的设计提供了限定的空间，家具设计就是在这个限定的空间中，合理组织安排室内空间的家具。建筑室内设计，无论是传统的或是现代的，都是以建筑给予的空间为基础，以创造内部环境为内容，以满足人们的物质、精神需求为目的，综合各种艺术表现形式为一体的综合性艺术，即包括建筑、家具、用品、陈设、书画等的协调一致的总体设计。

　　综合的室内设计，体现人们对居住环境的总体应用和审美要求。其所需要考虑的是家具与周围环境的"适配性"，不同的家具组合可以构成不同的空间形象。

　　家具贯穿人类生存的时间和空间，它无时不在，无处不在。家具不仅为人们的生活带来了实际应用的满足和生活的便利，同时还为人们带来视觉上的美感和触觉上的舒适感。也就是说一件好的、完美的家具不仅要具备完善的使用功能，而且要能最大程度地满足人们的审美要求和精神需求。家具设计以满足生活需要为目的，以追求视觉表现为理想，以形式创造为主要特征，在室内设计中占有十分重要的地位，它在很大程度上能够实现室内空间的再创造。通过家具的不同组合和设计，创造出合理与舒适的室内空间。

　　家具也是陈设设计的主体，一个特定的室内空间，可以首先由主要家具确定主调，然后辅之以其他的陈设品，以构成一个具有协调完美的艺术效果的室内环境。据此，归纳出家具对室内环境设计的影响。

一、家具设计规划室内空间陈设布局

　　家具的布局和搭配也要考虑整体空间环境。在不同的空间环境中，布局家具时，要结合相应的使用要求，合理地选择位置，使室内采光、交通、环境呈现最佳状态，还要方便人的使用。同时，能最有效地利用空间和改善空间。比如厅堂，其空间一般面积较大，活动相对集中，设计家具布置就要便于组织人员众多的活动；书房是相对安静与私密的场所，家具布置就需要相对集中和紧凑，近而不过密，远而不过疏，家具类型虽多，但是不繁杂、不凌乱，使书房环境宽舒适当，活动自如。

二、特定家具设计营造室内空间环境气氛

家具还是一种有文化内涵的产品，它实际上体现了一个时代、一个民族的生活习俗，每一个民族文化的发展及演变，都对室内设计及家具风格产生了极大的影响。同一个民族，同一个地区，不同时期的家具，也会反映不同时期的社会文化背景及民族特色。不同的室内空间也因为家具风格的不同，而使人产生不同的心理感受。中国古典建筑的室内装修与家具、陈设，已经在几百年甚至上千年的发展与演绎中确定了其非凡的特征与风采，设计者需要秉承历代章法与规程，继承与发扬优秀传统，使家具和室内装修与陈设珠联璧合，营造完美的空间环境气氛。

三、家具设计展现室内环境装饰风格

家具每天都会呈现在室内，供人使用、观看。首先，它能满足人体生理功能的需要，如坐、卧等；还能满足人的心理感受与需求。人们在使用家具的过程中，除了获得直接的使用功效外，还会得到一种心理上的满足，这便是对家具艺术的一个美学上的审美要求。每个人都有审美和爱美的心理需求，在对家具的审美认知过程中会感受到形式的美感、色彩的刺激。如材质的纹理、制作的雕饰、组合的样式、尺度的大小都会产生不同的美感和风格。家具在使用中也会给使用者乃至观察者带来视觉上的享受，感受到特有的室内环境风格。

四、家具设计参与室内空间的设计

家具设计应参与室内空间的分隔和组织。首先是不同大小的室内空间，采用不同尺度的家具，以便达到家具与室内空间的比例协调，并且避免剩余空间的浪费。这要从不同用途和等级的建筑来区分。如大型宫殿的室内空间，剩余空间要大，以便在布置家具后产生高大庄严的室内形象。而一般厅堂或家居，则是丰满、严谨的气氛形象。例如，王府的花厅设计，一般使用广式家具，因为广式家具尺度大、用料足、纹饰繁缛、雕刻大气，与室内高度、进深与开间的比例匹配适当、协调，如用苏式家具，则显得矮小纤细，缺少与室内尺度比例的协调性。

家具可以将室内划分为若干个相对独立的部分和空间，如主人活动空间、宾客活动空间、服务活动空间；可以组织室内的活动路线，使室内空间协调、疏朗，行动方便自如；还可以在较大的空间内，用家具划分出不同的专用"虚空间"，使较大空间变得井然有序，使用时自由方便。

第三节 室内家具布置的要点

一、家具尺度要适当

家具尺度直接影响使用者的舒适感和健康。家具设计必须考虑使用对象的身体特征。如坐具类凳、椅、榻等，必须使坐者垂足落地，且腿部略有弯曲，可放松自如。如无法达到此类要求，便要补充"承足"。桌案高度需让使用对象肩垂自如，不能高而上架，低而垂头。书柜、阁架需让使用对象能立地取物。因此，家具布置设计需要了解使用对象的要求和特点，不可一律按"常规"而确定。使用对象的职业特点、年龄特点、生理特点等，都是家具布置的设计依据。

二、家具要避免互相遮挡或影响主要视线

前后排列的家具，要按照视线贯穿的特点布置，高者在后，低者在前，使低者不被高者遮挡。家具与门口的距离不可过小，否则影响出入，甚至出入门时会碰撞桌上陈设。主要家具和次要家具的位置要遵循主者优先的原则。

三、家具样式及色泽的配比要协调

在一个独立的室内空间，尽可能使用一种类型的家具，使家具布置与室内装修协调。在一个独立的室内空间，家具材质要基本一致，避免杂乱无章，大致按"硬木三色"的大类区分即可。一般要使室内装修用料与室内家具用料协调一致。这在中国传统建筑特别是宫殿式建筑中尤其被重视。在建造宫殿时，要求统一准备室内装修和家具制作所需要的木材。在当今的室内装修与家具设计中，如果造价和等级无法满足统一的要求，其标准可以降低到漆饰色泽一致。例如，家具与室内装修在材质上不能达到完全一致时，家具的档次要比室内装修的档次高。如果家具使用黄花梨木，装修可以用草花梨木；如果家具用紫檀木（小叶檀），装修可以用大叶檀；如果家具用红酸枝木，装修可用白酸枝木。使用相似材质，既可以节省工程资金，又可以使室内家具与装修的质感在色泽上略有差异，使室内总体布局突出家具的位置和立体效果。

第四节　家具的分类

家具按使用性质可分为椅凳类家具，桌案类家具，橱柜类家具，床榻类家具，屏风类家具，其他杂项类家具。

一、椅凳类家具

椅凳类家具均属于坐具。其中凳类是既无靠背又无扶手的坐具，靠其凳腿支撑和凳面承载；椅类则是有靠背的坐具，在使用中除了坐，还可以靠和扶，比凳类舒适和安全。

》1. 凳类家具

凳类家具早在汉代便已出现。凳由坐面和腿足两部分组成，其构造相对简单，造价比较便宜，一般用于居家面积较小或做补充坐具使用。凳按其形状可分为方凳、长方凳、长凳、圆凳和机凳等类。

（1）方凳

方凳的凳面打槽攒边为正方形。板心为素面，也有镶珐琅、镶玉或文竹的。无束腰的则是直足直枨，构造简单大方；有束腰的在腿间装直枨或罗锅枨（图3-1）。

（2）长方凳

长方凳的构造与方凳基本相同，只是长宽尺寸不同，但其比例相差较小，不同于长凳。其凳面材料一般比方凳多，但依然是一板为面。

（3）长凳

长凳是长度比例较大的凳，分为条凳、二人凳和春凳等类（图3-2）。条凳是凳面比较窄的简单坐具，因此，使用起来不够舒适，多用于临时使用；二人凳大致可坐二人；春凳板面较宽，可以放在室内或门道内，放置物品或睡人。

图3-1　直足罗锅枨方凳（作者手绘图）

图3-2　长凳（作者手绘图）

（4）圆凳

圆凳，凳面为圆形，有足。有三足、四足、五足、六足至更多足。四足以上的均有束腰。足有方形、圆形。足下部有罗锅枨或管脚枨连接。

（5）机凳

机凳是没有靠背的小坐具，常为折叠式，较一般坐具矮的称为交机凳。

（6）墩

墩是一种无靠背圆形坐具（图3-3）。其形似"鼓"，又称鼓凳；凳身无腿设开光，上下有鼓钉纹；有木制、瓷质各类，可用于室内和室外。

凳类家具中绣墩属于做工精细的家具，可以在厅堂和室内正式布置使用。但是它一般是在小范围内随意活动使用，如正式厅堂议事厅、花厅等，一般不将绣墩作为客座使用。其他凳类家具，因为均无靠背和扶手，对老人和孩童来说不够安全，常作为坐具的临时补充或在非正式场合使用。如门道的春凳，供临时来人暂坐，而且必须靠墙布置，以保障使用安全。

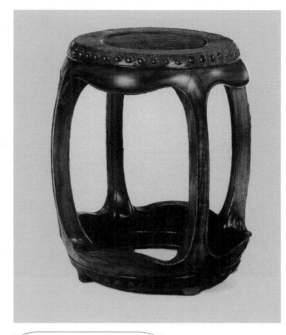

图3-3 四开光绣墩

» 2. 椅类家具

凡带靠背的坐具，均称椅。有的椅有扶手，有的椅无扶手。

（1）圈椅

圈椅的靠背为圈状，故称为圈椅（图3-4）。靠背的搭脑为弧形，延伸至端部，成扶手。圈椅坐面为板，支撑为四腿。除靠背板有的制作雕饰，其他部位均素雅。它多用于厅堂、书房。

（2）太师椅

图3-4 圈椅（作者手绘图）

太师椅的靠背一般为屏风式，雕饰繁缛（图3-5）。加两侧扶手共五屏，又称"五屏"式，也称为"靠背扶手椅"，常成对排放在中间设几使用（图3-6）。太师椅曾经是身份地位的象征，因此，太师椅尺度宽大，材质精良，做工复杂，造价高昂。其靠背部位多以雕刻、镶嵌和掐丝珐琅等工艺制作。它最能体现出清代家具的特点。

图3-5　清式浮雕靠背太师椅（作者手绘图）

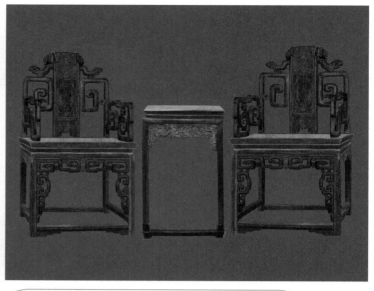

图3-6　成对的太师椅与几的配置（作者手绘图）

太师椅并无定式，一般设于厅堂内的扶手椅也称太师椅。故此，其品类繁多，但它的材料珍贵，做工精细，是具有文脉传承和艺术表现的椅类。

（3）官帽椅

官帽椅的靠背高，扶手低，似官帽状。北方官帽椅的搭脑和扶手均出头，称四出头官帽椅（图3-7）。南式官帽椅的搭脑和扶手均不出头，称南官帽椅。南官帽椅中高靠背的称高靠背南官帽椅；矮靠背的常是攒背南官帽椅。官帽椅一般很少雕饰，通体光素，大方雅致，常在书案两侧摆放使用。

（4）灯挂椅

灯挂椅是一种无扶手的高靠背椅，其搭脑自靠背两侧出头，

图3-7　四出头官帽椅（作者手绘图）

构造简单，使用方便（图3-8）。常在人员众多的室内或室外使用，如会议厅、餐厅、茶室等处。灯挂椅摆放和移动方便，占用空间小。

（5）其他椅类

明清家具中椅凳类品种很多，有的当前已经使用较少，主要配置在具有历史价值的古建筑室内使用。除前述几种主要椅类外，其他椅类有以下几种。

① 交椅。交椅是一种折叠椅，由交背和胡床两部分组成。其结构是前后两腿交叉，中间为轴，可以折叠，故可用于室外或行军。

② 玫瑰椅。玫瑰椅是一种较小的靠背椅，其靠背较矮，搭脑、扶手和腿均为直形。靠背一般有雕饰券口牙子或雕花板。玫瑰椅因为窄小，所以舒适度较差，在临时性活动中使用较多，或者仅用于室内陈设所需。

③ 宝座。宝座是皇帝使用的御座，是一种大型靠背椅（图3-9）。一类似靠背椅；另一类似罗汉床。一般用于宫廷为皇帝宝座，也有的用于王府和庙宇中。现在一般家庭或办公场所已很少使用。改良后的宝座为短足，加铺垫，不必再设承足，宽大舒适，可做高级休息座椅。

图3-8 灯挂椅（作者手绘图）

图3-9 带铺垫式宝座（作者设计）

二、桌案类家具

桌案类家具包括几、案、桌各类，都属于起居类家具。

» 1. 几类家具

几是一种窄长形带四腿的家具，因其形状如"几"字而称"几"。早期是用于椅侧凭倚的，后来随着椅的发展，几的凭倚作用减弱，发展成可以放置陈设品的家具，如琴几、炕几、花几、香几、茶几、条几等类。

（1）琴几

琴几是用于放置古琴或古筝的架几（图3-10）。琴面窄长，两端不上卷，为了适应摆放不同尺寸的琴，琴几由两端的两块立板和一块几面构成；立板或做壶门亮洞，或做纹饰雕刻，整体造型端庄秀雅，平素而稳重。琴几在室内装饰与陈设中，一般设置在书房或琴房，不在一般房间或厅堂内陈设。

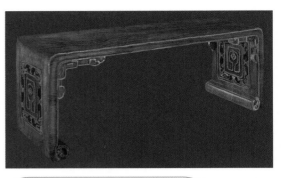

图3-10　琴几（作者手绘图）

（2）炕几

炕几与炕案都是放在床榻或炕上的几类家具（图3-11）。炕几的结构样式为几型；炕案的结构样式是案型。此类家具大都用于北方寒冷地区，放在炕的两端，用于堆放被褥用品，不放在床榻中间使用。根据使用者的需求和爱好，有的炕几实用而素直，装饰不多；有的具有文人韵味，装饰繁缛，采用浮雕、镂雕、镶嵌等工艺。当今室内装饰需要根据建筑风格、使用要求和总体环境在必要时布置炕桌或炕几。但需注意，炕几与其他用途的几有所区别。如琴几和琴桌都是坐在椅凳上在演奏时承托琴的几案，高度必须合适，不是放在炕上的矮几。炕桌是堆放物品的，不需要太高，否则不方便使用。

图3-11　无束腰罗锅枨装牙条炕几
（作者手绘图）

（3）花几、香几

花几和香几都是高腿几类，外观与形制相似。花几用于陈设花盆（图3-12），香几用于陈设香具（图3-13），多用于寺庙。它们是有代表性的厅堂陈设家具，一般不可或缺。花几类是以装饰功能为主的家具，制作的精良程度不一。普通家庭多用平素雅致的几类。讲究的或是功能特殊的建筑，对几类的材质、做工都有很高的

图3-12　室内大型花几（作者手绘图）

要求，可用紫檀木、黄花梨木、红木制作，其工艺还可镶螺钿、玉石，用浮雕、镂空等工艺细作精装。

花几有的形制较大，类似茶桌，用于在室内重点装饰环境，形成陈设重点或中心。既可陈设花盆，也可陈设贵重工艺品，使室内形象高雅华丽。

图3-13　香几（作者手绘图）

图3-14　茶几（作者手绘图）

（4）茶几

茶几是客厅内的常用家具（图3-14）。茶几一般比花几矮，大致和座椅的凳面高度相近。有的较高，带有屉板，可放茶具。茶几自清代盛行，而且其做工和用料也渐讲究。

» 2. 案类家具

案是一种承托家具，案面呈长方形，有足，两端悬空，四足缩进。案面端部翘起的称翘头案（图3-15）；案端不翘起的为平头案（图3-16）。按照用途分有书案、画案、炕案、祭案、香案、奏案等。

案与桌的形制区别是桌的四足在桌的四角，案足则缩进案面，案端悬出。

案面为长条状的称为条案，包括平头案、翘头案和架几案各类。平头案一般用于书房存放书籍，案端平整无装饰；翘头案案端装有"飞角"，显得美观俏丽；架几案是书房常用的书案，其案面一般与架

图3-15　翘头案（作者手绘图）

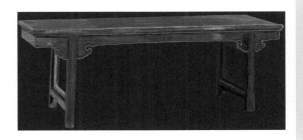

图3-16　平头案（作者手绘图）

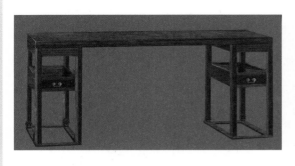

图3-17　架几案（作者手绘图）

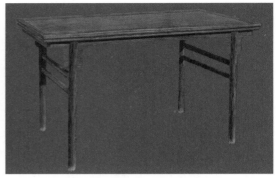

图3-18　夹头榫画案（作者手绘图）

几分离，搭设在架几上，故此也称为"搭板书案"（图3-17）。还有夹头榫画案（图3-18）。

» 3. 桌类家具

桌是一种托具，上有托面，下有足。其托面有方形、长方形、圆形、半圆形、椭圆形各类。按照用途可分为书桌、餐桌、供桌、酒桌、画桌、棋桌等类。

（1）方桌

方桌是桌面为正方形的桌子。此类样式是桌类家具中应用最广泛的。可以单独靠墙摆放，也可以放在翘头案前面，与两侧的圈椅组合在中堂使用。还可以单独与凳或椅组合成功能独立的餐桌使用。方桌的构造是有桌面、四腿、两枨，两枨之间加短柱或花板。方桌又分为大、中、小三种。大方桌即称大八仙桌（图3-19），小者称"小八仙"或称"六仙桌"。方桌的装饰常用一腿三牙、霸王枨、罗锅枨等。方桌又分为有束腰和无束腰两类，凡有束腰者，腿下部皆做成内翻或外翻马蹄状。

图3-19　红木灵芝纹插脚八仙桌
（作者手绘图）

（2）半圆桌

半圆桌一般比半圆略小，故又称"月牙桌"（图3-20）。月牙桌具有圆桌桌沿的自由感，又可以靠墙摆放，节省占用面积。半圆桌镶装木板心，有直腿、三弯

图3-20　红木冰棱纹半圆桌（作者手绘图）

腿、蚂蚱腿三种腿型，一般有束腰和牙条，其上可有浮雕纹饰，下部装有承足。明式半圆桌简洁清丽，清式的雕饰较多，雍容富贵。

（3）圆桌

圆桌的桌面为正圆形，一般作为常用的组合家具，配套椅、凳使用（图3-21、图3-22）。与之配合的椅有灯挂椅、南官帽椅类为多，以便使用灵活、方便，可以随时移动和摆放，很少作为固定陈设家具在厅堂摆放。圆桌也有独腿式和折叠式，它有"团圆"的美好寓意，因此常在家庭中使用。

图3-21　圆桌（作者手绘图）

图3-22　鼓腿膨牙大圆桌（作者手绘图）

三、橱柜类家具

柜一般带门，用于储物，便于开启，门设在柜的前面。矮柜的柜面可以承托物体，用于陈设，即将陈设与储物组合形成橱柜。案面高度与条案相当的有闷户橱（图3-23）、联三柜（联三橱）、联二柜（联二橱）等。闷户橱下面不设门，储物从抽屉口取放，更为安全（图3-24）。

图3-23　双龙闷户橱（作者手绘图）

图3-24　三屉闷户橱（作者手绘图）

　　高柜一般分为上下两部分，上部分为阁或架，用于存放书籍、物品；下部分为柜，有对开柜门，用于储物（图3-25、图3-26）。

　　柜和橱一般放于专用房间内使用，如书房、库房等处。书房的柜和橱，一般用料讲究，做工精细，纹饰美观，具有深刻的文化内涵。库房的则材质坚固，做工素雅大气。

图3-25　圆角柜（作者手绘图）

图3-26　亮阁柜（作者手绘图）

下面为柜，上面为箱的是一种组合箱柜。箱是独立的与柜无连接，称顶箱立柜（图3-27）。箱与柜用插榫连接的，称四件柜。由于布置于不同房间或场所，四件柜有的平素无雕饰，有的则雕刻复杂纹饰。故此在布置房间时需注意区别。

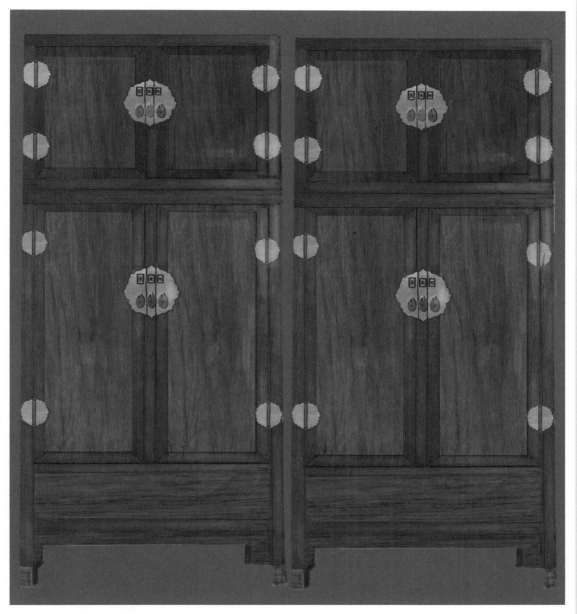

图3-27　顶箱立柜（作者手绘图）

四、床榻类家具

床和榻分别是用于睡卧和独坐的家具。床一般有围屏或围栏，以便睡觉时安全和舒适。床的配置一般在正式卧室内，用于睡觉和休息（图3-28）。榻可以设在客厅、厅堂用于休息（图3-29）。榻一般不设围屏和围栏，但发展到后期，榻也有坐、卧两种功能，故此也设围屏。

图3-28　三屏罗汉床（作者手绘图）

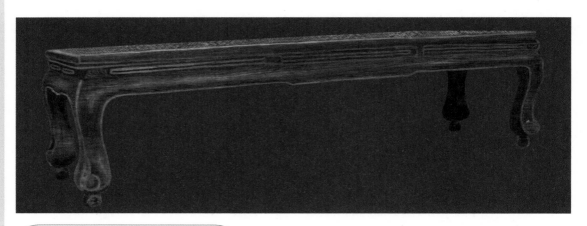

图3-29　三弯腿榻（作者手绘图）

五、屏风类家具

屏风是室内用于遮挡风或视线的家具。古代的屏风还有防身的作用。明清以后的屏风结构比较复杂，底座加宽加厚，其下端加做披水牙子，并且出现了三山屏、五岳屏、曲屏、寿屏、挂屏、炕屏等多种屏风类型。屏风多为木制，也有其他材料制作的屏风。屏风的屏心有大理石、布、绢、绣品、玉石、翡翠等类，大小各异（图3-30）。有的屏风直接镶有绘画、书法、工艺品等，用以装饰室内环境。

屏风大致有地置和桌上陈设之不同。落地屏风一般有单扇和多扇之不同。单扇

图3-30　透雕大理石直屏（作者手绘图）

屏风即独扇屏风插在屏座上。多扇屏风一般为单数连接，分为三、五、七、九扇不等。但是也有双数屏风，即八扇屏风，称为"八扇屏"（图3-31）。落地屏风前，一般布置条案、方桌、座椅，用于主人会客及各类活动。

图3-31 透雕八扇曲屏（作者手绘图）

六、其他杂项类家具

其他杂项类家具如架、盒、箱、阁类家具，一般为装物、摆物、挂物、存物或用于桌案上的陈设品。

» 1. 盆架

盆架是一种多组架，可以承托盆类，如面盆。足数有三足、四足、五足、六足等（图3-32），有固定型和可折叠型，根据室内面积大小确定使用类型。有的后部带有高直靠背，可以搭放面巾，中间也可设肥皂盒搭板。柱顶一般雕有莲花头、兽头等装饰纹饰。

图3-32 六足折叠式盆架
（作者手绘图）

» 2. 提梁盒

提梁盒俗称提盒，是盛装物品可以提梁运送的箱盒类器具（图3-33）。总体分盒体、盒盖、提梁和底座四部分。为了支撑提梁，盒侧还有支撑提梁的"牙子"，也称为"壶瓶牙子"，提梁和角部有铜包叶。提梁盒是一种盛物和运送的器具，也可以摆放在桌案上作为陈设。

» 3. 提箱

提箱是体积较大的盛物箱，常放在专用的桌案上，有的放在床上或炕上。它分为箱体和箱盖两部分，附件有立面安装的铜质"拍子"，用于扣合箱体和箱盖，并可以穿钉上锁。箱的两侧装有提手，以便搬运（图3-34）。

» 4. 小箱

小箱是箱的一种，与上述箱样相似，箱盖和箱口处起灯草线，立墙四角用铜叶包镶，顶盖四角镶云纹铜饰件，正面有圆面叶、云头拍子，箱子侧面镶提环（图3-35）。

» 5. 官皮箱

官皮箱体积不大，一般布置在书房或居室的桌案上，由箱体、箱盖和箱座组成（图3-36）。箱体前有两扇门，内设抽屉若干，箱盖和箱体有扣合，门前有面叶拍子，两侧安提手，上有空盖的木制箱具。官皮箱是明清时期比较流行的家居实用器物，一般用于盛装贵重物品或文房用具，可放置文件、账册、契约或珍贵细软物品，又由于其携带方便，常用于官员巡视出游之用，故北京匠师俗称"官皮箱"。还有的在箱盖里面装上镜子，即为"梳妆匣"或"梳妆箱"，有的用于存放文具，则为"文具箱"，可以说官皮箱是男女老少皆宜的一个家具品种。

图3-33　双层提梁盒（作者手绘图）

图3-34　带铜提手的提箱（作者手绘图）

图3-35　小箱

» 6. 帽镜

帽镜是置于几案的中间，可照出人头面的镜子，一般布置在女主人房间或在较小的卧室内使用（图3-37）。

» 7. 镜支

镜支为梳妆用具，也称梳头匣（图3-38）。镜支为长方形，分上下两部分：镜支盖上的一端连接一面玻璃镜，将盖开启，可将玻璃镜倾斜支在镜支顶部；镜支下部设一抽屉，用以盛放梳具、胭脂、粉、油类用品。一般放置在帽镜或主要陈设的前面。

图3-36 官皮箱（作者手绘图）

图3-37 帽镜（作者手绘图）

图3-38 镜支（作者手绘图）

第五节

家具与建筑的布局关系

　　家具布置需根据建筑的用途、风格，不同地区、不同朝代的技术、文化特征确定布置方案。这是一个具有科学体系的设计过程。

　　① 家具布置要根据建筑物的规模、档次与地区人文、风俗确定方案。如大式建筑与小式建筑的区别；宫殿与王府的区别；王府与民宅的区别；古代与现代的区别。

　　② 一座建筑物内的家具布置则要考虑居住者的习惯、要求，以及不同位置的不同布置手法。

　　③ 家具布置要在满足使用功能的前提下，考虑与整体院落的和谐统一及丰富容纳的关系。既不能杂乱无章，也不能千篇一律、刻板求一。

　　④ 家具的布置需要将家具尺度与建筑尺度的模数统一归纳考虑，如与大式建筑的斗口，小式建筑的柱径关系，要使家具在建筑空间内的布置位置合适，疏密得当，使用方便。

　　⑤ 家具所使用的材质，尽可能与建筑物室内装修用材一致，或接近一致。在考虑造价和功能要求的条件下，注意节约。在色彩、档次上不要有各不相干的跳跃和不协调感。

　　⑥ 家具在使用功能上是一种"用具"，但是，中国传统家具代表和反映了科学、历史、人文的重要成就与信息；尽管不是所有的家具都是历史珍品，但即使有珍品与实用家具之分，也都要做到设计、制造技术上的完美。各地不同风格的家具制作技术与艺术，都具有自身的和谐与统一。

　　⑦ 家具既要与建筑和谐统一，还要注意布置在家具上的陈设也需要与家具和谐统一，这样才能做到建筑整体的完美与和谐。

第四章

中国古建筑室内
陶瓷陈设

在古建筑室内陈设中，家具是布局性陈设的第一层次，为其他陈设确定了格局和层次要领。在家具确定之后，便是在室内和家具之上、之内，布置其他陈设，如陶瓷及其他日用和艺术陈设品，其中陶瓷陈设所占的位置尤为重要。

由于本书讨论的是室内装修与陈设，所以即使是讨论陶瓷的陈设，也只限于陈设用陶瓷和日用陶瓷，不涉及历史久远的古陶瓷、文物陶瓷以及其他与室内陈设无关的陶瓷品类与内容，也不讨论陶瓷的鉴定与制作技术。

第一节　陶瓷的器型

陶瓷是陶器和瓷器的总称。中国是世界上最早应用陶器的国家之一，而中国瓷器因其极高的实用性和艺术性而备受世人的推崇。器型是器物的外形状。陶瓷的器型一般指器物的口部、颈部、肩部、腹部、底部以及足部的形状，以此判断其烧造的年代和窑口。按大类分为碗类、盘类、壶类、瓶类、罐类及其他类。

碗类有折腰碗、鸡心碗、鸡缸杯、茶碗、油滴盏、兔毫盏、褐斑碗、盖碗等类。

盘类有茶盘、鱼盘、拼盘、果盘等。

壶类有茶壶、苏穆壶、僧帽壶、转心壶、鸡首壶、凤头壶等。

瓶类有胆瓶、花瓶、花觚、赏瓶、蒜头瓶等。

罐类有钵罐、茶叶罐、经筒、帽筒、高罐、四系罐、粥罐、壮罐、盖罐、西瓜罐、将军罐等。

其他类有笔洗、薰炉、香炉、面盆、漱口盂、胰子盒、笔筒、鹿头尊、坐墩、孩儿枕、粉妆、印泥盒、太白尊等。

第二节　瓷器的分类

中国瓷器的分类，不是简单的"线性排列"可以表达的。由于瓷器历史悠久，分布地域广阔，窑口众多，其制作过程既有广泛的技术交流，又有各自的秘籍特点，其分类形成了复杂而交错的"矩阵"。

一、瓷器按窑口分类

由于各窑地处不同地域，水质、气候等自然条件不同，具有可以使用的特色材料，工力、工艺也受当地文化艺术的影响，从而形成各有特色的瓷器。受地域、色彩、材料工艺等因素交叉影响，便出现了很多种瓷器品类。

中国瓷器生产历史悠久，早期生产的规模与范围都有局限性，所以各类窑口的独立特色保持得相对长久。以窑口区分瓷器的特点，至今也是无可非议的。

» 1. 中国五大名窑

中国宋代的五大名窑是汝窑、官窑、哥窑、钧窑、定窑，此外还有越窑、建窑、洪州窑、龙泉窑、吉州窑、长沙窑、耀州窑等多类。柴窑是后周世宗帝柴荣的御窑，后来长期未见窑址。

» 2. 五大名窑的典型瓷器

传统名窑的典型瓷器，代表了窑口的地域特色、工艺特色以及不同地区的材料、人工、习俗和文化特征，几乎不可模仿和逾越。近现代中国制瓷业历经了一个进步与发展的过程，在传承名窑特色的基础上有所发展，这些在彩瓷部分阐述。

（1）汝窑

汝窑出于北宋，地址在河南宝丰清凉寺。以其胎体轻薄，端庄凝练、形神兼备的造型，晶莹滋润、堆脂如玉的釉色著称。汝窑开片细密，多成斜裂纹状，交织迭错如鱼鳞、蝉翼。三件汝窑瓷器如图4-1～图4-3所示。

图4-1 汝窑三足奁

图4-2 汝窑三足洗

图4-3 汝窑莲花瓣纹大碗

（2）官窑

官窑是宋代名窑，官窑施釉较厚，釉面光润明亮，开冰裂纹片，另有开米黄色纹片，紫口铁足，总体大气舒展。三件官窑瓷器如图4-4～图4-6所示。

图4-4 官窑葵瓣口折沿洗

图4-5 官窑兽耳炉

图4-6 官窑弦纹瓶

（3）哥窑

传说南宋时期有章姓兄弟在琉田（即今浙江龙泉）造窑烧制青瓷，精美冠绝，其兄之窑称哥窑。哥窑瓷器釉面有油润光泽，并开细碎纹片，称"金丝铁线"。足边无釉处呈黑色胎骨，即为"紫口铁足"。三件哥窑瓷器如图4-7～图4-9所示。

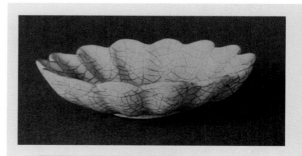

图4-7 哥窑菊瓣式盘

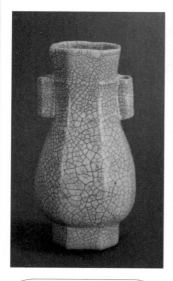

图4-8 哥窑双耳瓶

图4-9 哥窑小杯

（4）钧窑

　　钧窑是宋代名窑，窑址在河南禹州，古属钧州而得名。宋、金、元以来，钧窑生产扩大，成为中国北方民用陶瓷的主要产地。其特点是胎体厚重，施釉较厚，多为乳浊釉，成色多样，有月白色和天蓝色。三件钧窑瓷器如图4-10～图4-12所示。

图4-10　钧窑出戟尊

图4-11　钧窑鼓钉洗

图4-12　钧窑葵花式洗

（5）定窑

　　定窑为宋代北方著名的窑口，窑址在河北曲阳涧磁村。北宋定窑以烧造白瓷为主，釉面呈牙白或乳白色，其装饰方法有划花、刻花、印花和捏塑等各类。画面简洁生动，线条挺拔，刚劲有力。三件定窑瓷器如图4-13～图4-15所示。

图4-13　定窑黑釉褐斑碗

图4-14　定窑孩儿枕

图4-15　定窑剔花牡丹纹枕

以上所述五大名窑的制瓷特色，均为古窑口知名的传统制瓷技术。五大名窑以素瓷为主，包括以下即将介绍的青瓷、黑瓷、白瓷和青白瓷。

二、瓷器按其主要原材料的构成分类

按主要原材料的构成瓷器可分为三类，即硬瓷、软瓷和骨瓷。此种分类是按材料与工艺不同划分的，一般不在造型与外观上进行分类。

» 1. 硬瓷

硬瓷是由高岭土、石英和长石混合并在1400摄氏度高温下烧成；硬瓷质地坚硬，成品一般为半透明或清透明亮的白色，具有玻璃效果和坚固耐热的特点。

» 2. 软瓷

软瓷是由细黏土、磨砂玻璃、皂石、燧石混合并经过1200摄氏度烧制而成；其硬度比硬瓷软，易破裂，但是软瓷更具有颗粒感，更便于上色和装饰。

» 3. 骨瓷

骨瓷是由动物骨灰、瓷石、高岭土烧制而成的。其质地坚硬、洁白、剔透，呈现特殊的质地和亮度，彰显高贵的气质。

三、瓷器按色彩分类

中国瓷器按其色彩分类，可分为素瓷和彩绘瓷两类。

» 1. 素瓷

明代以前中国的瓷器以素瓷为主。素瓷有青瓷、黑瓷、白瓷和青白瓷等类；以上所介绍的五大名窑其历史与艺术知名产品，多为素瓷。此处就素瓷各举一例，不再赘述。

图4-16　龙泉窑青瓷双鱼洗

（1）青瓷

青瓷又称为绿瓷，釉中含有氧化铁，如宋代的龙泉窑青瓷（图4-16）。龙泉窑青瓷盛于南宋和元朝时期。

（2）黑瓷

黑瓷也称为"天目瓷"，是在青瓷基础上加入铁烧制而成的，如建窑和德清窑的瓷器。黑瓷于汉代已很出名，东晋浙江烧造精品。其胎色为砖红或浅褐色或紫色，釉色乌黑发亮，滋润如漆。黑瓷中的盘口瓶远近闻名（图4-17）。

（3）白瓷

白瓷含铁低，形成透明釉，在白釉上可以作画，为彩瓷奠定了基础。典型的白瓷如定窑白瓷（图4-18），胎色纯白，胎土细腻，釉是白玻璃质釉，微带粉质。其胎质的流釉与划痕是一大特色。

（4）青白瓷

青白瓷也叫影青、隐青、映青、罩青。釉色介于青与白之间，青中泛白，白中有青，类冰似玉，是汉族传统制瓷的精品（图4-19～图4-21）。青白瓷于宋元时期起源于景德镇。

图4-17　黑釉莲瓣缠枝牡丹纹盘口瓶　　　　图4-18　定窑白瓷蕉叶菊纹盖罐

图4-19　影青刻花注子注碗　　图4-20　宋代湖田窑影青釉　　图4-21　影青瓷贯耳瓶
　　　　（作者手绘图）　　　　　带温碗狮钮盖执壶

» 2. 彩绘瓷

瓷器的瓷面具有彩色或彩绘的为彩瓷或彩绘瓷，如青花瓷、唐三彩等均为彩瓷。彩瓷又分为"釉下彩"和"釉上彩"。釉下彩是在坯胎上先画好图案，再上釉烧制成彩瓷；已经烧制成的瓷器，在其釉面上绘制纹样，上釉再入窑烧制，称为釉上彩。釉上彩还有不同发展，如在彩绘时加入玻璃白彩料，烧制后呈现粉润感觉，即称为粉彩或软彩；在釉上彩中使用画珐琅技法，便是珐琅彩。本部分对五彩瓷、粉彩瓷、斗彩瓷、珐琅彩瓷、青花瓷和浅绛彩瓷六类瓷做简要介绍。

（1）五彩瓷

五彩瓷产生于北宋晚期，是在卵白色汝瓷上将红、黄、绿、蓝、紫等彩色绘制于瓷釉上，二次焙烧而成。五彩瓷属于釉上彩类（图4-22～图4-26）。

图4-22　明代五彩盖罐

图4-23　明代五彩鱼藻纹罐

图4-24　五彩落花流水纹大碗（作者手绘图）

图4-25　五彩花鸟纹盖碗（作者手绘图）

图4-26　五彩花鸟纹尊（作者手绘图）

（2）粉彩瓷

粉彩又称为软彩，其软之效果，红为淡红，绿为淡绿，是景德镇四大传统名瓷之一。粉彩瓷彩料主要由低温玻璃釉料掺入一定的金属氧化物和含有砷的白色材料配制而成。其色彩秀丽柔和，丰富而娇艳，是中国彩瓷类瓷器的主流（图4-27～图4-32）。同光中兴以后，开始衰退，成为一般商品。

图4-27　光绪粉彩九桃天球瓶

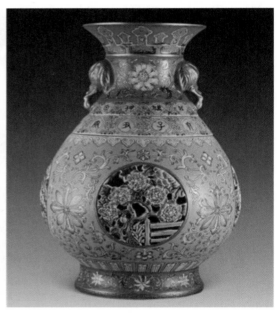

图4-28　乾隆粉彩镂空转心瓶

图4-29　张子英粉彩富贵白头花觚

图4-30　张子英粉彩富贵白头茶具

图4-31　粉彩牡丹纹盘口瓶（作者手绘图）

图4-32　张子英粉彩胆瓶

（3）斗彩瓷

斗彩瓷最早是在明代中期出现的，大致在五彩瓷前后，在清代康熙年间开始盛行。斗彩是彩瓷的一种加工方法。其绘法是先在胚体上用青花绘制图案轮廓，施透明釉固化在胎体上，用低温彩料填充绘制图案，分釉上彩和釉下彩。胎质洁白细腻，薄轻透体，造型清雅娟秀。优秀的斗彩瓷作品享誉中外，如成化斗彩鸡缸杯，价值千万（图4-33～图4-35）。

图4-33　成化斗彩鸡缸杯

图4-34　手绘斗彩福寿纹碗效果图

图4-35　手绘斗彩折枝莲纹碗效果图

图4-36　珐琅彩缠枝花纹瓷瓶

（4）珐琅彩瓷

珐琅彩是景泰蓝的演变，即将景泰蓝的铜胎改为瓷胎，"瓷胎画珐琅"即为瓷器之珐琅彩。珐琅彩起源于康熙年间，鼎盛于雍正时期。珐琅彩由景德镇制造上好白瓷胎，送至宫中上彩烧制。珐琅彩胎体工整、釉色纯正。色料有玻璃质感或蛤蜊光感，似有珠光宝气之感（图4-36～图4-40）。

图4-37　珐琅彩瓷碗

图4-38　珐琅彩瓷瓶

图4-39　珐琅彩大碗（作者手绘图）

图4-40　珐琅彩荷花纹大碗（作者手绘图）

（5）青花瓷

青花瓷是中国瓷器的主流品种之一，属于釉下彩瓷。青花瓷是以氧化钴为原料，在陶瓷坯体上描绘纹饰。之后，再罩上一层透明釉，经高温还原焰一次烧成。钴料烧成后为蓝色，着色力强，色泽鲜艳，成色稳定。青花瓷出现在唐宋，成熟在元代，兴盛于明永乐与宣德年间。

青花瓷既有优秀的陶瓷艺术品，也有各类陈设品和日用品，应用广泛（图4-41～图4-43）。

图4-41 青花云龙纹大碗（作者手绘图）

图4-42 青花缠枝莲纹茶壶（作者手绘图）

图4-43 青花花卉纹大碗（作者手绘图）

（6）浅绛彩瓷

浅绛彩瓷是清末时期景德镇地区出产的具有创新意义的釉上彩瓷器。做法是用浓淡相间的黑色釉上彩料，在瓷胎上画出纹饰轮廓，再染以淡赭、水绿、草绿、淡蓝和紫色等彩色，低温烧制成活。此类彩瓷工艺与粉彩近似，但是轮廓用的黑料为"粉料"，浅淡柔和，其用料为钴土矿料中加入铅粉配制而成，所绘纹饰浅淡雅致，浅绛彩绘画前不施玻璃白。瓷面绘画多为山水人物、诗词歌赋，近于水墨绘画（图4-44～图4-48）。

浅绛彩瓷发源于景德镇，故其作者和大家多为景德镇制瓷名家。尤其以"珠山八友"及其亲属、朋辈为多，具有地方制瓷的特色。

图4-44　汪野亭浅绛彩瓷板画　《渔翁笑指枫林外》

图4-45　汪桂英浅绛彩瓷板画　《千峰云出》

图4-46　汪平孙浅绛彩瓷瓶　《物换星移几度秋》

图4-47 浅绛彩瓷缸

景德镇瓷业的发展，源于这里人才的集聚与学派的活动，陶瓷业成为景德镇人才培养的方向之一。程门、金品、王少维、王凤池是浅绛彩瓷绘的大家，所绘青山秀峰悦目怡神，山水人物、鱼虫花鸟类大有沈周、文徵明的风范。

景德镇的粉彩陶瓷集聚了"珠山八友"如王琦、汪野亭、王大凡、程意亭、徐仲南、何许人、邓碧珊、毕伯涛等四十余人，都是享誉全球的大家。

此外，景德镇同类瓷的烧制，也集聚了成批的名人。如以"富贵白头"为题材的粉彩瓷制作，从官窑知名的张子英、张云，到他的子弟与亲朋张子帅、张少云、敖焕臣、陈光辉、敖少泉、洪子清等，从道光时期延续到民国不断继承发展。

总之，各类窑口、各类工艺、各类材料、各类绘制在历史的变换中发展与传承，使中国瓷器千变万化、光彩夺目而享誉世界。

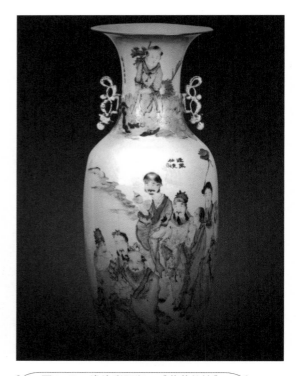

图4-48 浅绛彩胆瓶 《蓬莱仙境》

第五章

中国古建筑室内书画陈设

第一节 室内书画概述

书画是绘画和书法的统称。室内书画主要是挂在墙面上，根据不同位置，陈设不同类型的书画。如大厅正面一般用中堂书画，两侧用楹联书画；上侧一般用匾额书画，山墙处可用挑山书画；墙中面可用镜心书画。总之，书画之间要形式统一、内容和谐、规格恰当，在室内所占比例适当以彰显出主人的文化修养与情操。

中国书画按其内容有山水类、花卉类、人物类、翎毛走兽类、神佛故事类等。所选类型要与房间用途相协调，尽量选择名人字画，以显示主人的高雅。中国书画名人众多，如元代的赵孟頫、黄公望、王蒙；明代的文徵明、唐寅、仇英、董其昌；清代的朱耷、恽寿平、沈铨、汪士慎、金农、郑燮、吴昌硕；近现代的张大千、齐白石、徐悲鸿等各类名家。中式建筑室内装修一般使用中国绘画，个别具有一定风格的房间，可根据需要布置部分西式绘画，但要与室内装修、家具、陈设相协调。

一、书法概述

书法是中国特有的一种传统艺术。书法按字体可分行书体、草书体、楷书体、隶书体、篆书体等类。每一类中又因字体差异而派生类别，如篆书有大篆、小篆；楷书有魏碑、唐楷；草书有章草、今草、狂草等。篆书是秦代官方文书的通用体；楷书以郑道昭、欧阳询、颜真卿、柳公权为代表；隶书经典有孔庙三碑，其中《礼器碑》碑文后有韩敕等九人题名；行楷是似行书的楷书，宋末元初赵孟頫，手书杜诗一部，其字体即为行楷；行书如王羲之的《兰亭序》；狂草以怀素之作为极品。

书法是以汉字为载体的艺术。在室内装饰中，书法作品的陈列，能体现出雅致的文化氛围，使人随时欣赏到书法的意境。

» 1. 楷书

楷书也称为正书、真书。楷书的特点是形体方正，笔画平直，可作楷模，故名。楷书的代表书法家如钟繇（图5-1、图5-2）。

图5-1　钟繇楷书之一

图5-2　钟繇楷书之二

» 2. 草书

　　草书始于汉唐，其特点是存字之梗概、纵任奔逸、赴速急就，因草创之意故为草书。其代表书法家如张旭、怀素等（图5-3、图5-4）。

图5-3　张旭草书《肚痛帖》

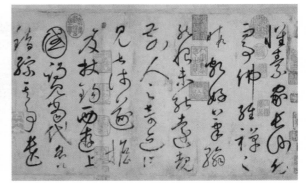

图5-4　怀素草书

» 3. 隶书

　　隶书又名佐书、分书，盛于汉。隶书产生于篆书之后，楷书之前，是将大小篆改易笔画而成。隶书的结构整齐，庄重大方，富有很强的艺术性和实用性。隶书的代表书法家如金农（图5-5）。

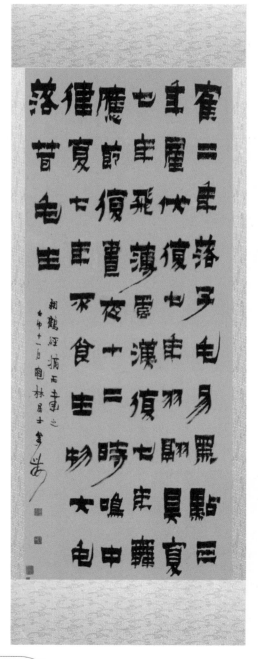

图5-5　金农书法《相鹤经》

» 4. 篆书

篆书是中国最古老的书体，从甲骨文起，历经千年历史。篆书是一种"宽泛"的概念，包括先秦的甲骨文、金文、陶文、简帛文字、印玺文字、钱币文字和石刻文字（图5-6～图5-8）。

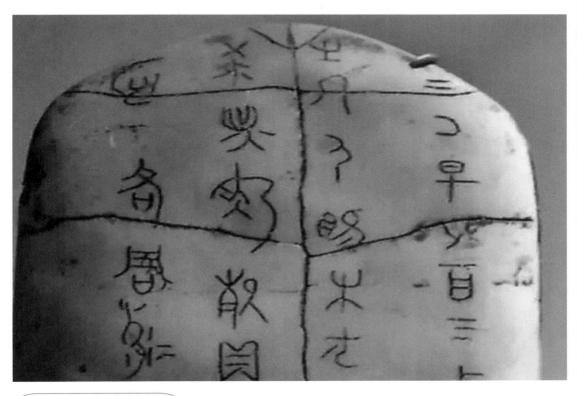

图5-6　甲骨文中的篆书

图5-7　篆书和隶书对比

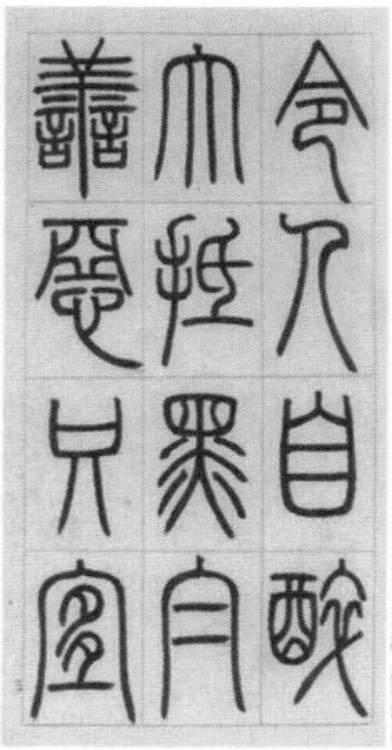

图5-8　篆书示例

» 5. 其他书法

何绍基的书法四体全攻，其书法示例如图5-9～图5-11，还有宋登华、罗哲文书法，如图5-12、图5-13。

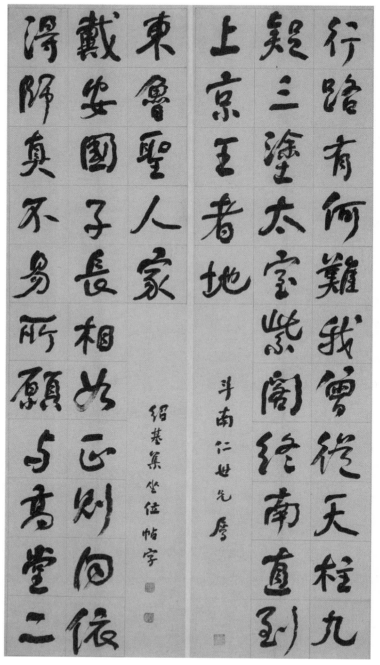

图5-9　何绍基书法一

谢康乐庾义城之作诗能钱不遗余为彭泽之塘数何诗二庚东结阅者日永蕳二子有素柂佶人替殷其工堪保不泳风直宁某年

何绍基

图5-10　何绍基书法二

澄清流品提挈纪纲　恍洵山水敖游风月

图5-11　何绍基书法三

图5-12　宋登华书法《赤壁》

图5-13　罗哲文书法《悼大贤》

二、绘画概述

绘画的类别繁多，一般以绘画题材内容划分类别，有山水画类、花鸟画类、人物画类、动物画类、静物画类等诸类绘画。如按照画法划分类别则有中国画、油画、版画、水彩画、素描画、速写画、装饰画、漫画等类。但是不是所有的绘画都适合用于室内装饰使用。

在室内装饰画选择中，常以中国人的习俗与审美为依据。另外还受不同地区、不同民族和不同文化程度等因素影响。室内装饰画示例见图5-14～图5-20。

图5-14　王原祁《庐鸿草堂十志图》
（山水画类）

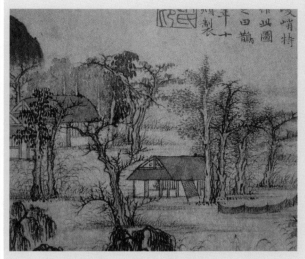

图5-15　赵孟頫《鹊华秋色图》
（山水画类）

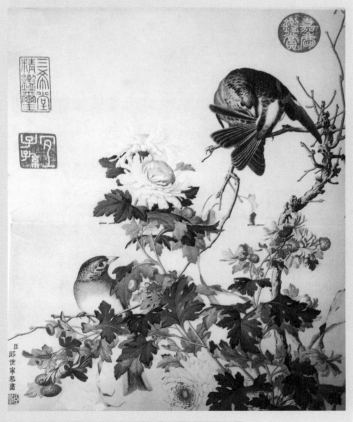

图5-16　郎世宁《菊花图》（花鸟画类）

图5-17　李鱓《松石牡丹图》

图5-18　郎世宁《百骏图》（飞禽走兽类）

图5-19　顾恺之《洛神赋图》（神佛故事类）

图5-20　顾闳中《韩熙载夜宴图》（人物故事类）

第二节　中堂书画

　　书画主要是挂在墙面上的。在室内装饰中，根据不同位置，陈设不同类型的书画。

　　中堂书画一般陈设于厅堂主墙面中央，表达该厅堂的主题，具有代表性意义。有的表达主人的志向、性格，有的表达主人的信仰、爱好，也有的表达主人的兴趣和希望，成为大厅文化的主题。如"蛟龙出水""凤鸣岐山""猛虎下山""大鹏展翅"等，表达主人的理想、志向和思维倾向；山川风景、花卉鱼虫、名人名作、历史人物、名人轶事等，表达主人的爱好、志趣和专业特长；供奉神仙佛祖、各代祖辈先人等，表达人伦之礼、敬奉先人的规矩与礼节。中堂布置多以画为宜，书法较少。中堂又分为大小不同或用途不同的中堂。主人的居室也设中堂，但尺寸比大中堂小，具有主人家庭中堂的特色，一般根据主人的身份和心意设置书画。大的客厅一般称"花厅"，花厅的中堂可用书画，也可用木雕书画或太师壁代替，其气势宏大而磅礴。

中堂书画的主要特点是表达志向、理想与愿望，一般是吉祥、和美和健康的主题，忌讳鬼怪妖邪和晦暗内容。

一、山水中堂

山水中堂是指以山水画布置中堂的主题部分，山水画在中堂部位，很容易产生深远、宽阔和高低起伏的层次感，因此使用较多。在名人书画中，优秀的山水画所占比例较大。现举数例名人所绘山水画。

» 1. 南宋 马远《踏歌图》

马远，字遥父，号钦山，南宋画家，擅画山水、人物、花鸟。其画笔力劲力阔约，皴法硬朗，楼阁界画精工，且加衬染，情意相交，生趣盎然，存世的有《踏歌图》《梅石溪凫图》等。此画作为中堂使用，画面深远，层次分明，情调爽朗，意境深远，常用于表达人们在丰收后的快乐生活（图5-21）。

» 2. 明 沈周《庐山高》

沈周，字启南，号白石翁，明代绘画大师，与文徵明、唐寅、仇英并称"明四家"，是明代中期文人画"吴派"的开创者。其传世作品有《秋林话旧图》《庐山高》（图5-22）等。其画大气磅礴，视野广阔，山林层叠、气感浑厚，是中堂画中的大作。

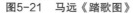
图5-21 马远《踏歌图》

图5-22 沈周《庐山高》

» 3. 明 董其昌《仿古山水图》

董其昌，字玄宰，号思白，明代画家，华亭画派代表人物，擅画山水，师法董源、黄公望、倪瓒。其画笔致精修中和，恬静舒旷；书法出入晋唐，自成一派。存世作品有《岩居图》《秋兴八景图》《仿古山水图》（图5-23）等。

» 4. 明 周臣《春山游骑图》

周臣，字舜卿，号东村，又署名东村周臣，善绘高山峻岭。《春山游骑图》中风貌深邃，栈道盘旋，山溪湍流，烟霞弥漫，画中人游骑悠然，春日山水意境高远，景致宜人（图5-24）。

图5-23 董其昌《仿古山水图》 图5-24 周臣《春山游骑图》

» 5. 明　唐寅《春山伴侣图》

唐寅，明代画家，字伯虎。《春山伴侣图》为纸本水墨画，表现春日山间景致。画中山川秀美，幽淡宜人，万树绽青，曲栏掩映，具有宋代画风（图5-25）。

» 6. 明　文徵明《平林曳杖图》

文徵明原名"壁"，字徵明，号衡山居士，明代著名的画家、文学家和书法家。在诗文上，他与祝允明、唐寅、徐祯卿并称吴中四才子。《平林曳杖图》（图5-26）是文徵明的山水名画，还有称《千林曳杖图》者。图中山峦层叠，有房屋村舍；树木枝繁叶茂，或萧疏干枯；有人乘舟而归，有人荷杖小桥；用笔细谨，浓淡、粗细、疏密交织，有条不紊，给人温雅沉静之感。从作者题诗"此老胸中万卷书，平林曳杖意何如。天涯莫怪无知己，红叶萧萧几点余"可见所绘主题。

图5-25　唐寅《春山伴侣图》

图5-26　文徵明《平林曳杖图》

二、花鸟中堂

花鸟绘画作为中堂陈设，一般用于营造艺术、休闲和寄语情怀的意境，所以，此类画作多置于女主人卧室、书房、花厅之类的场所，很少用在大型厅堂和具有议事、祭祀、礼仪与评议性场所。现举数例名人所绘花鸟画。

» 1. 清 郑燮《竹石图》

郑燮，字克柔，号理庵，又号板桥，清代书画家、诗人，扬州八怪之一，善画兰、竹。兰、竹常用于表达气节与品格。图5-27为其作品《竹石图》。

» 2. 清 吴昌硕《岁朝清供图》

吴昌硕，名俊，字昌硕，又署名老苍、大聋，画家、书法家、篆刻家，清末海派四大家之一，善花鸟（图5-28）。其作品如《瓜果》《姑苏丝画图》等。图5-28为其作品《岁朝清供图》。

图5-27 郑燮《竹石图》

图5-28 吴昌硕《岁朝清供图》

» 3. 清 沈铨《群仙祝寿图》

沈铨，字衡之，号南苹，清代画家，善花鸟。其作品有《百鸟图》《百鸟朝凤》《群仙祝寿图》（图5-29）等。

» 4. 清 蒋廷锡《藤花山雀图》

蒋廷锡，字酉君，号南沙、西谷，又号青桐居士，清代康熙、雍正朝的宫廷画家，拜文华殿大学士、太子太傅，善作写生花卉、兰竹小品。其画色墨并施，自成一格。其作品如《竹石图》《塞外花卉》《岁岁久安图》《藤花山雀图》（图5-30）等。

图5-29 沈铨《群仙祝寿图》

图5-30 蒋廷锡《藤花山雀图》

除山水画、花鸟画外，中堂书画也有供奉知名古人、祖辈先人、神佛仙贤的，此不赘述。

第三节 挑山书画

挑山书画一般是指悬挂在室内山墙位置的书画。因为建筑物的山墙处于"山尖"部位，高度最大，所以，该处一般悬挂和布置高度大的条形书画。人们习惯称较长的书画为"挑山"。一般用八尺对开纸，属于超长宽条幅书画。其书写也是采取行距宽松，有列无行的布局。挑山一般多为字数多，有主题的书法。

» 1. 《聚德楼记》

此挑山书画为四尺整纸之挑山，常用于室内高度不大的山部，或用于中堂亦可。图5-31所示书法作品为行书，有列无行的排列布局，是某餐饮企业的介绍。

» 2. 唐寅《吴门避暑》

《吴门避暑》为唐寅所作七言诗句，描述吴门胜景及"密遮竹叶凉冰檐"的感受。全诗情景交融，该作品适合挑山悬挂（图5-32）。

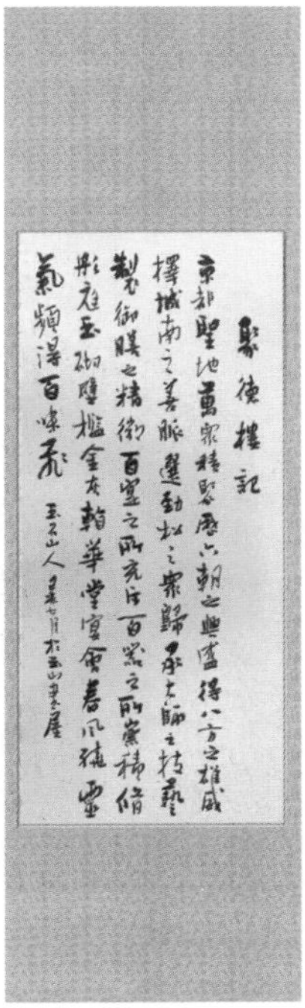

图5-31 玉石山人
《聚德楼记》

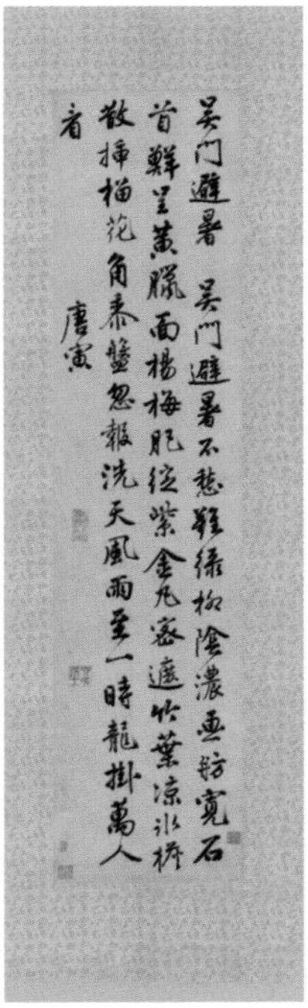

图5-32 唐寅《吴门避暑》

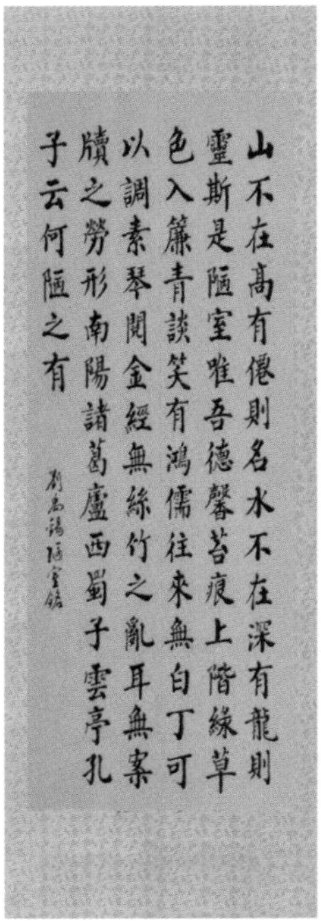

图5-33 刘禹锡
《陋室铭》

» 3. 刘禹锡《陋室铭》

《陋室铭》是唐代诗人刘禹锡托物言志的铭文，表达作者志行高洁、安贫乐道的志趣。该作品适合挑山悬挂以铭主人之志（图5-33）。

» 4. 郑孝燮诗词书法条幅

郑孝燮为我国城市规划专家，国家历史文化名城保护专家委员会副主任，《建筑学报》主编，对中国历史文化名城的倡建及规划建设做出了卓越贡献。其诗如图5-34。

图5-34　郑孝燮诗词
朱畅中书法《鸣沙山》

第四节　四扇屏书画

四扇屏是书画装帧与陈设的一种方式。一般是四个独立但题材上有联系的书画，可以采用单独装裱，排列陈设，即成为四扇屏书画；也可以将一整幅书画分隔成四幅条幅装帧并陈设。大多数是将横幅的山水作品做成四扇屏装帧和陈设，既有整体的视野，也有独立的单幅效果。还有的是将花鸟或山水四扇屏做成屏风，布置在室内。图5-35～图5-40为四扇屏书画作品。

图5-35　康有为四扇屏
《满腔遗恨诉啼鸦》

图5-36　武中奇书法四扇屏《赤壁怀古》

图5-37　通景山水画《富春山居图》

图5-38　通景画：花鸟四扇屏风

图5-39　徐仲徇书法四扇屏

图5-40　梅兰竹菊花卉四扇屏

第五节　镜心书画

　　镜心书画是指一类幅面不太大，装裱之后可以放入镜框中的画片。镜心书画很少有长幅大卷的，似书画小品，题材常有花鸟和山水，也有人物或书法类。镜心书画一般装在室内面积不大的内墙位置，在室内还起到补充装饰空余和调剂装饰类别的作用。图5-41～图5-44为镜心书画作品。

图5-41　齐白石　花鸟镜心

图5-42　吴湖帆　山石花鸟镜心

图5-43　任伯年　花鸟镜心

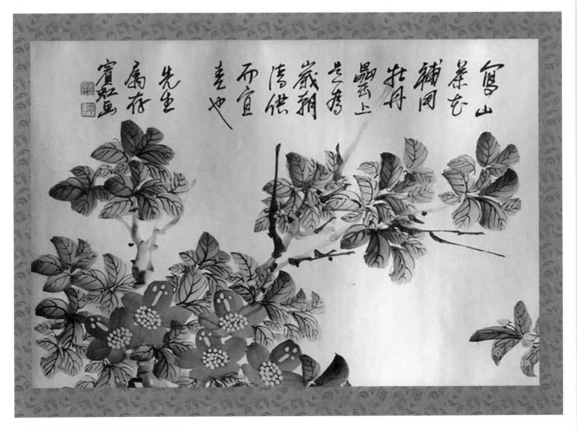

图5-44　黄宾虹　花鸟镜心

第六节 书画楹联

在中堂书画两侧，一般左右并列陈设楹联式书画作品，以补充、演绎或发挥中堂书画的含义。其中以书法为多，可以装入镜心，也可以装裱悬挂。中堂书画的楹联，不但补充了中堂书画的含义，也在视觉上使中堂显得整体平衡、稳定大气。

与中堂相搭配的楹联，可以是同一作者，也可以是经选择后搭配的不同作者的作品，但楹联与中堂书画必须有所关联。图5-45～图5-50为书画楹联作品。

图5-45 英和楹联

图5-46 吴湖帆楹联

图5-47　郑燮楹联

图5-48　张之洞楹联

图5-49 翁同龢楹联

图5-50　沈周《扁舟诗思图》，高人鉴（号螺舟）撰楹联

第七节

书画在室内装饰与陈设中的要点

　　书画是室内装饰与陈设的文化灵魂，它可以表达其他陈设难以表达的精神和境界，塑造其他装饰品难以表现的气氛形象，突出厅堂轩榭的主题，彰显主人的气质与风格。

书画在室内装饰与陈设中要遵循一定的规矩和理论，但是，书画也是有不同风格和不同特色的。因此，书画在室内装饰与陈设中要注意以下几个要点。

一、室内书画要精心设计、制作

中堂书画的类型、风格多样，需要设计者与使用者精心研究。按其内容可分山水类、花卉类、人物类、翎毛走兽类、神佛故事类，也有信仰供奉类等。中堂主题书画还需要与室内装修的文化风格、色彩、纹饰、历史文化相一致。

二、按不同位置选择不同题材的书画

与中堂并列的楹联，需要与中堂主题一致，不要与主题各行其是，各不相干。其中，挑山书画一般设在山墙，因为在没有吊顶的房间以山墙的山尖处最高，可以悬挂长的书画。故此处常布置窄而长的书法条幅，既可以展示更多的文字内容，又可以显现高挑俊俏的艺术效果。室内其他墙面可以根据其位置和面积大小，选择主题、风格、色彩合适的镜心书画，使室内陈设有灵巧变化的效果。

三、不同作者的书画作品产生不同的效果

所选书画类型要与房间用途相协调，尽量选择名人字画，使室内显得高雅有文化。中式建筑的室内装饰与陈设，一般选用中国绘画，个别具有一定风格的房间，可根据需要布置部分西式绘画，但要与室内装修、家具、陈设相协调。

四、注意书画的艺术效果与室内视觉总体效果的关系

室内是一个相对局限的环境，其视觉范围较小，而书画一般是缩小后的情景，比实物小很多。如果要使书画的视觉效果与室内空间环境的效果吻合，就要使书画的透视关系与室内空间透视关系相一致。因此，在选择书画时需要注意书画的透视灭点与室内空间透视灭点的一致性。

五、室内装饰用书画的鉴别

室内装饰用书画一般由房屋主人选择和确定使用，因此，设计者不承担真伪鉴定的责任。但是，作为专业设计人员，必须对所使用的书画具有一定鉴别能力。通过鉴别装饰所用书画的来源与真伪，供房屋主人参考。设计者要熟悉各朝代作者的作品特征，分析作品的用笔特征、用墨特征、构图特征，以及墨法和设色特征，还要研究历代书画中的建筑、服饰、器用的特征。书画的题跋、名款、印章、装潢等辅助条件，均可辅助判断书画的真伪。对于具有特征的大家，如郑燮、八大山人、齐白石等人的作品，都极富特色，容易鉴别真伪。对于同派或有师徒关系的书画家和专业的仿制大家，一般设计人员难以鉴别。如果设计者本人为室内装饰而仿制和复制的名人书画，一般需加以说明或加题跋。

第六章

中国古建筑室内其他陈设品的设计

除了以上所讲述的家具、陶瓷、书画等，室内陈设还包括玉器陈设和其他文玩陈设，如翡翠制品、和田玉制品、岫玉制品、鸡血石制品、玛瑙制品等类。另外还有青铜制品、紫砂制品、景泰蓝制品、竹雕、木雕、牙雕、漆雕、钟表、灯具、金器、银器都可以用于室内陈设兼收藏。

第一节 玉制陈设品

翡翠、和田玉、岫玉、玛瑙等类制品都有适合陈设的品类。用于中堂陈设的多是形体较大的"山子"，如器型较大造型比较复杂的钟、鼎、瓶等。小件的玉制品常作为摆设，与大件搭配陈设。有的则成套配置使用，如"五供"（包括玉制的香炉一只、烛台和花觚各一对）等。

一、山子

山子是外形类似山型的玉器，多以绘画艺术为蓝本，依形施艺，采用镂雕、圆雕、立体雕、浮雕等多种手法雕刻，如同立体绘画。玉石山子是置于案头或室内供观赏的摆件，多用整块玉料雕成，在保留原始玉料整体外形的前提下，用叠洼的技法，雕琢出具有一定含义的图案，制成后由于器型似一座小山，故名山子。山子是大型的玉摆件，在古时候称为重器，最早见于唐代，至宋元时成为常见的玉雕品种，通常用来表现山水、人物、动物、树木等自然景观与人文景观。玉石山子的雕琢技法不同，也有不同特色。

恢宏豪气的翡翠山子是难能可贵的，这是因为大型的翡翠原料本来就很少，用中高档的原料做大型的山子是不可能的，只能采用质量较低的山料翡翠（产自翡翠矿床的称为山料）。但山子又是一种非常费工的雕刻形制，较差的原料与较高雕刻工艺很难达成统一。因此，精品翡翠山子少之又少，还有一个原因就是山子雕刻耗时很长，在一般室内陈设中很少使用。

山子按其造型，可以分为山道开花山子、山道森林山子、山水人物山子等。玉料有山料和籽料之分，山料一般较大，故此常采用外雕法雕制，称为"砍山子"；籽料形体小，价格贵重，一般保留外皮，采用内雕法，如镂雕、挖雕法，不破坏外皮，艺术韵味浓厚。各种山子如图6-1～图6-4。

图6-1 山料 翡翠山子

山子是缩小的实物立体表达，固有丈山尺树、寸马分人的比例说法。山子要求能充分利用原石的尺度与形状进行创作，必须用艺术手法去掉石材的瑕疵、绺裂、杂质、脏斑，达到艺术完整、出神入化。因此，不同于白纸作画，山子的雕造需要具有高度的空间想象力和高超的技艺。

图6-2　籽料　白玉山子

图6-3　山料　翡翠山子

图6-4　落地摆放山子　大禹治水

二、盆景

玉制盆景有玉石雕刻盆景和玉石、玻璃类组合盆景。玉石雕刻盆景一般体积较小，盆景结构粗阔连续，由一种材料雕刻而成；组合盆景一般是花卉盆景，其枝干、花朵与花叶分别由不同材料制成，然后采用特殊工艺组合而成（图6-5～图6-7）。玉石雕刻盆景一般作为玉石雕件在桌案上摆放陈设；组合花卉盆景一般作为嫁妆或女主人房间的陈设而放在玻璃罩内摆放。

盆景的材料种类很多，包括各类玉石、玻璃和一般宝石。其结构是使用金属或丝类扎结成型，有的还会使用贴金或镀金的工艺。复杂的盆景，除了花卉外，还有草类、果实类、昆虫类、灵芝类等，可以表现不同的吉祥主题和寓意。较大的玉石盆景一般放在桌案中央，属于中堂盆景；组合的花卉盆景和较小的玉雕盆景对称地放在两侧，以达到视觉平衡与美观。

图6-5 玉石玻璃组合盆景

图6-6 珊瑚玉石组合盆景（一）

图6-7 珊瑚玉石组合盆景（二）

第二节 金属摆件

在室内陈设品中，还有一些具有实际作用的金属陈设品，如部分金器、银器、铜器、铁器、锡器等。以古代为例，便有金属佛像、人像，吉祥相生如兽类、禽类，器皿如炉、簋、烛台、盘、碗、"五供"，也有日常用品如铜灯、铜盆、铜熏。讲究的宫廷用品大多是金器、银器、铜镀金器和银镀金器。在中国古建筑室内装修与装饰、陈设中，要根据室内装修档次而选择不同材质的金属陈设品，既包括历史文物，也包括仿制的和日常使用的金属用品，主要是根据不同档次、不同用途和不同的建筑风格进行选择和设计。

金属陈设品要注意摆放的位置。如香炉是焚香用的，必须陈列在案上中间部位，与香炉相配的烛台和花觚则需配置在炉两侧的对称位置；簋、鼎是古代煮肉的器皿，一般落地使用，不能摆放在条案上；佛像一般放在香案中心后侧，不但求其稳定，还要达到视觉最优的效果；吉祥相生类需放置在其可能出现的位置；日用器具则需摆放在其准确的使用位置，如灯的位置需要照明恰当，熏的位置需可以散发气味，唾壶需放在人可以够到的位置。

此外，由于金属品质的不同，不同品质的物品也必须陈设在不同的位置。铜器、铁器、锡器要在合适的位置陈设；金器需要考虑其贵重性；银器需考虑防腐。

一、铜簋

簋为古代祭祀和宴饮时盛食物的礼器，撇口、束颈双耳，和鼎配合使用（图6-8、图6-9）。小型的簋也在室内陈设。

图6-8　铜簋（一）

图6-9　铜簋（二）

二、铜炉

　　铜炉是焚香的器具，有圆形与方形之不同，一般用于佛前供奉，与烛台、花觚配成"五供"（图6-10、图6-11）。其类型有博山形、金山寺形、火舌形、鼎形等。炉还有手执炉，用于取暖，有莲花形、狮子形、雀尾形等。古代炉具有传统吉祥的意义，故此也常在家庭与厅堂中陈设。

图6-10 铜炉（一）

图6-11 铜炉（二）

三、鼎

　　鼎是古代用来煮食物的器具，圆形、三足、两耳，也有方形四足的，大多放在宗庙里祭祀使用（图6-12）。其体型巨大，故一般不在桌案上陈设，而是落地摆放。除非大型厅堂，一般家庭室内很少陈设。

四、铜烛台

　　铜烛台为燃烛所用，分为烛台、灯柱、灯座等部分（图6-13）。有的雁足灯有三个灯柱，可燃三支烛。

图6-12 铜鼎

图6-13　铜烛台

五、铜五供

"铜五供"指佛堂或佛案、香案上供奉所用的五件供器，即炉、烛台和花觚（图6-14）。"五供"也有瓷质、珐琅质之分。金器或镀金的"五供"只在皇家宫殿中使用。

图6-14　铜五供

六、铜像

释迦牟尼（图6-15）是佛教创始人，姓乔达摩，名悉达多。释迦牟尼是佛教徒对他的尊称，含义为："能仁""能儒""能忍""能寂"。在室内装修与陈设中，需要根据佛像在室内的用途和形象气氛陈设，一般只在佛堂、佛龛和必要的位置陈设。

七、香盒

香盒为盛放或燃烧香的金属圆盒或长圆盒，一般放在香案上焚香使用（图6-16）。金质香盒多为宫廷用品，做工精细，价格昂贵，非一般人家可用之物。

图6-15　供奉用释迦牟尼铜像

八、瓶

瓶有盛物或陈设之用，金瓶多是皇家陈设用品（图6-17），在香案上或单独设架摆放，是极其贵重的陈设品。

九、多穆壶

多穆壶一般是满族、蒙古族、藏族上层人物盛装奶、酥油或液体饮品的器皿（图6-18），壶口沿为花瓣形，器身仿竹节形。

十、唾壶

唾壶用于盛放污物，以使室内洁净（图6-19）。此类用品材质贵重，做工精细，不是一般家庭的用品和室内陈设品。

图6-16　铜镀金香盒

图6-17　铜镀金龙纹瓶

图6-18　银镀金龙凤纹多穆壶

十一、金鸭

　　金鸭是金质鸭形器物（图6-20）。或用于陈设，或用于放置燃香，类似熏炉，所以又称鸭炉、香盒。

十二、金执壶

　　金执壶一般为皇家御用酒壶，錾花，圆腹，龙形柄，开口无盖（图6-21）。

图6-19　金唾壶

图6-20　金鸭

图6-21　金执壶

第三节 木摆件及用品

　　木摆件及用品一般体积较小，可以随意在桌案上摆放、移动或撤换，包括艺术品、生活用品等各类。此类用品或艺术品多不是成套或成系列的陈设品，所以很少放在较大的厅堂，可在书房、闺房或主人房间摆放或陈设，与成套的大件陈设品搭配和互补，使室内陈设丰富多彩。这些摆件及用品具备实用功能，如书箱用于盛放书籍，首饰匣用于存放首饰和收藏品。

一、硬木书箱摆件

　　硬木书箱摆件一般在书房的书案上摆放和使用，用于存放常用的书籍（图6-22）。

二、手提式书箱

　　手提式书箱用于外出盛装书籍或文具，故带有提手，便于携带（图6-23）。也可以在书案上摆放，作为陈设品，类似常见的官皮箱。

图6-22　硬木书箱摆件

图6-23　手提式书箱

三、宫灯

宫灯又称为宫廷花灯，是中国彩灯中最富有特色的手工艺品。一般分为宫灯、纱灯、吊灯、落地灯、台式灯等不同类型（图6-24、图6-25）。它主要是用细木为骨架镶玻璃或纱制成。除了照明还具有室内装饰的作用。其外形有六角、四角、八角，还有带支灯的或其他配饰的宫灯。

图6-24 六角宫灯

图6-25 台式六角宫灯

四、硬木小书箱

此类书箱与官皮箱类似，既可以放在室内书房桌案上，又可以外出携带文房物品（图6-26）。

五、木雕

木雕类摆件是书房或室内陈设的小品，一般陈设于室内几案。一般有佛像类（图6-27）和神话故事类（图6-28），它们不做供奉使用。

图6-26 硬木小书箱

图6-27　清代黄杨木雕《刘海戏金蟾》

图6-28　木雕《八仙过海》

第四节　钟表类陈设

　　钟表是计时机械。钟和表一般以内机大小而区分，机芯直径超过50毫米、厚度超过12毫米的，称为钟；机芯直径在37～50毫米、厚度超过6毫米的称为表；机芯再小者称为手表。钟表的外观体量还有更大的如立式大座钟。在室内装饰与陈设中，一般使用的是座钟和小闹钟。座钟多设在几案中央，小闹钟主要用于计时，故此一般陈设在室内几案的一角。落地大钟一般陈设在较大厅堂的适当位置。

　　钟表的功能是计时，但是在室内陈设中，其陈设效果也很重要。钟表的外观分为中式、西式各类。钟表类陈设需要考虑钟表与室内环境总体效果和风格的协调。

一、西式雕花座钟

　　西式雕花座钟多放置在室内中堂中央部位，表示位于"中心"的含义。图6-29中的座钟为硬木雕花钟箱，大气、精致，适合在主要厅堂陈设。

图6-29　西式雕花座钟

二、广东造西洋钟

图6-30是一座中国广东厂家仿制的西洋钟。其木制箱体和金属装饰配件，都很精致。此钟有两面钟、三面钟和四面钟之不同，可从不同位置和不同角度观看。

三、座式木箱体座钟

图6-31所示的座钟木箱体为欧式建筑的门廊式。其上部为计时盘，下部有透明窗，可见钟摆。此为一般家庭室内几案中央陈设的座钟。

四、木箱体挂钟

木箱体挂钟多用于室内墙面悬挂计时使用，其样式为西式挂钟类（图6-32）。

图6-30　广东造西洋钟

图6-31　座式木箱体座钟

图6-32　木箱体挂钟

五、硬木雕花镶嵌座钟

图6-33所示的钟一般用于室内几案中心陈设，其左右可以陈设瓷器或盆景类装饰物。

六、木箱体挂钟

木箱体挂钟（图6-34）可在室内悬挂使用，也可以靠墙当座钟使用。

图6-33　硬木雕花镶嵌座钟

图6-34　木箱体挂钟

七、仿火炮异型座钟

仿火炮异型座钟（图6-35）除了有计时功能外，还有艺术品陈设效果。此类具有艺术造型的座钟还有船形、舰形、车形、人形、鸟形等，室内设计根据不同风格选用和布置此类钟。

图6-35　仿火炮异型座钟

八、德国双箭牌座钟

　　双箭是德国座钟之名牌，享誉世界各地。图6-36为德国双箭牌座钟，各地有精于仿制者。

图6-36　德国双箭牌座钟

第五节　漆雕盒漆器类

　　漆雕和漆器均属于陈设类用品，一般形体较小，陈设于几案上。漆器的工艺多为雕漆，是中华民族传统的一种手工艺。其工艺是将天然漆料在胎上涂抹一定厚度，再用刀在平面上雕刻各类纹饰。有的使用不同颜色的漆料，故有剔红、剔黑、剔彩等类别，工艺复杂、精细。漆雕有漆盘、漆器、漆盒等不同类别，是室内几案陈设的重要品类。漆器有日用品如漆盒；有工艺品，如漆盘、漆瓶等。根据室内主体陈设配置漆器，可使室内生辉。

一、漆盒

　　漆盒多为盛物的日用品。其表面涂饰漆料，有部分纹饰雕刻。

二、雕漆套方盒

　　雕漆套方盒（图6-37）的盒体涂漆厚度大，雕刻层次多，纹饰精细复杂。它是比较贵重的工艺品。

三、雕漆盘盏

　　盘盏的造型主体以漆层为主，纹饰深厚、复杂，层次多样。与一般具有较厚胎体的表面纹饰雕刻有加工程度的区别。图6-38所示漆盏为乾隆题诗的御用漆雕盘盏，是雕漆中复杂的艺术品。

图6-37　雕漆套方盒

图6-38　雕漆盘盏

四、雕漆书柜

雕漆书柜（图6-39）是在书柜胎上涂漆雕刻而成，不是由漆层承载。其表面漆层比较浅薄，纹饰深度较浅，用于盛装文具书籍，多在书房书桌上陈设使用。

五、雕漆盖盒

雕漆盖盒（图6-40），亦称"捧盒"，用于在室内桌案上盛放物品。

六、雕漆盘

雕漆盘如图6-41所示，也是几案上常见的艺术品陈设。

图6-39 雕漆书柜

图6-40 雕漆盖盒

图6-41 雕漆盘

第七章

中国古建筑室内装修与家具陈设

随着社会的发展和人们生活水平的提高，人们对居住或者工作的环境有了更高的要求。室内装修与陈设设计可分为三个层面，即对建筑物主体部分的装修与装饰，室内的家具布置，室内的陈设。室内陈设又可分为使用性陈设和艺术性陈设。如用于计时的钟表，用于盛物的瓷器，用于书写的文房用品，用于饮茶的茶具等，均属于使用性陈设；而盆景、雕塑、绘画、花卉等属于艺术性陈设。室内的装修与装饰，首先要与建筑风格和建筑自身的特征、规矩相一致。家具布置不但要与建筑风格协调一致，与室内装修与装饰相协调，还要与房间用途以及其可能承载的陈设物相协调。

第一节　中堂的家具与陈设

根据不同的建筑风格，或者不同的室内使用要求，可以将室内装修与陈设划分为不同类别，并以此为依据，进行室内装修与陈设设计。

一、北屋中堂

中堂是室内装修与家具陈设的重要部位，一般在院落的中轴线上。对于一般的平房四合院，中堂大都设在中院的北房正中央，即北房（正房堂屋）正中间的部位。这类中堂属于家庭内部的中堂。家庭的重要活动一般在中堂举行，如各种礼仪、供奉、祭拜、议事和家庭内部的公共活动。中堂是私人厅堂，一般不接待外人。

中堂的布置是在堂屋，即北房或正房的中间部位，称"明间"。如果一间的使用面积不够，可以扩大到两侧的次间。中间不设隔扇，而用落地罩相隔，具有"隔而不断"的效果，需要分割时可以用帷帐隔离。

中堂的北墙是室内布置的主要位置。一般中间悬挂中堂书画，两侧可以配以相关的楹联。中堂书画的主题，根据主人的需要设计，或山水，或花鸟，或祖先、圣像、神佛、神兽等。

靠墙的家具，一般是条案、翘头案或架几案，也有放置佛案或联三柜的。此处陈设中堂的主要陈设品。

中堂桌案的陈设很讲究对称。中间可放置座钟、尊或较大的艺术品。两侧对称摆放合适的瓷器或盆景之类。由此形成中堂的主要气氛形象，以显示主人家庭的文化氛围。

条案前放置方桌，方桌两侧对称放置扶手椅。条案两端放花几和盆花。中堂左右的隔扇处可布置扶手椅与几，供众人安坐。北屋中堂有小三件中堂和小五件中堂。

» 1. 小三件中堂设计示例

书画三件：山水中堂画，名人书法楹联。
条案摆设三件：座钟，粉彩富贵白头胆瓶。
家具：翘头案、花几三件，方桌、太师椅三件。如图7-1所示。

图7-1　小三件中堂示例

» 2. 小五件中堂设计示例

书画五件：山水中堂横卷，名人书法楹联，贴金雕字楹联。

条案陈设：西洋钟和双耳瓶三件，花盆两件，熏炉两件。

家具：翘头案、方桌、太师椅、花几。详见图7-2。此中堂前部两侧，应有纵向排列的扶手椅与几。图7-3也是小五件中堂的设计形式之一。

图7-2　小五件中堂示例（一）

图7-3　小五件中堂示例（二）

一般在中央摆大件，两侧摆小件，其外侧再摆放较高的瓶、罐类，以形成"山"形结构，有稳重大方的感觉。

图7-4也是小五件陈设，没有中堂书画和花几，是较小的室内陈设，占用空间较小，布置简约。如果室内开间大，也可以在小五件中堂两侧布置书柜或多宝阁，显得富丽堂皇。

图7-4　小五件中堂示例（三）

中堂可设在方厅中，两侧无配房或耳房，进深较大，竖向布置宽裕，中间可加设落地罩以划分层次；此类中堂多用于西式大厅。主人席依然在条案前侧的方桌两侧。客人席设在靠侧墙部位，可布置沙发或炕桌类休闲家具。如图7-5所示。

图7-5　小五件中堂布置

一般平房院落北房所设的中堂，也可以根据开间和中堂用途的不同设计家具和陈设品。陈设品可以采用三件式、五件式或其他较为随意的布置方法。中堂陈设一般需要左右对称，不要左右大小不一，色泽不一，造型庞杂。

图7-6中的中堂翘头案正中陈设石雕，石雕两侧为五彩花觚；再外是青花盖罐、青花釉里红胆瓶。其总陈设为七件，翘头案以外的几上陈设青花瓶，方桌上陈设果盘和茶具。

图7-6中的中堂为家居中堂，由六件套家具组成。书画是山水中堂和一对楹联，布置比较自由，是作者所在学校古建实训基地用于学生室内陈设设计实习参考的样板间设计（实物照片）。

图7-6 古建实训基地中堂陈设示例

二、南式中堂

南式中堂一般也在北房中间，但是屋顶结构一般是"露明"的结构，没有天花板，可以看到屋顶结构的木檩、木椽和望板。而且堂屋后部有外廊。外廊置于室内，便有廊柱露于中堂后侧，常需做抱柱楹联（图7-7）。此类中堂如有后门通后院，常在廊柱位置设太师壁或屏风遮挡中堂位置的后门。

有的南式中堂还与两侧的房间联合使用，成为较大的厅堂。如果中堂与两侧房屋之间加设落地罩，便是单间中堂与三间厅堂兼用。

图7-7 南式中堂布置

图7-8为三间兼用的中堂，两侧兼做书房和文玩室。落下幔帐便可以做单间中堂使用。室内人员较多时，可以在两侧房间布置座椅和几，扩大堂屋使用范围。此类中堂一般不适合做大型厅堂用于对外的大型活动，而是用于家庭或内部礼仪、议事和举行家庭活动的场所，与"聚义厅"类房屋性质有内外之别。

图7-8　南式中堂布置

三、厅堂

厅堂一般比四合院堂屋之中堂的面积和规模大，是一种较大的公共活动场所，家具陈设比一般中堂多，为家庭或单位提供内部或对外议事、进行礼仪活动的场所。除了具有中堂的功能外，还有公共接待、聚会、议事、进行奖惩活动等多项用途。这类厅堂一般不设在正房的北房内院，多放在中院的过厅位置。因为此位置常兼做花厅使用，故这类过厅也常被称为"花厅"。由于花厅是一个具有交通作用的房屋，通称过厅。此类厅堂的中轴线主要是一个通道，贯穿内外，因此，中轴线作为中堂，许多重要陈设都无法安置，在室内装修设计中应当注意以下两个特点。

第一，花厅的中庭轴线在中间南北向，是南北均有门的通道。北门通中院，但是没有屏门，直达庭院甬路和北房正门。为了内院的安全，避免视线贯通南北院房间，在过厅后廊部应布置屏风遮挡。

第二，由于南北轴线无法布置中堂家具和陈设，因此，将中堂放在东墙，客座在中堂两侧，应安排座椅和几。图7-9中，中堂正中为太师壁，两侧挂楹联，条案正中为西洋钟，两侧置瓷瓶，南北外侧布置靠墙客座座椅和几（图7-10），西侧安排休息客座和茶桌。中轴线北侧后门置屏风，西侧为客座休息桌椅。红地毯走向为中堂轴线。此主线穿过南北连门，贯穿院落中轴线。屏风遮挡过道的贯通视线。屏风前设"小中堂"陈设。图7-11中，屏风前设平头案，案上置琴，有勤俭之家的寓意。

图7-9 东侧布置的中堂

图7-10 花厅的中堂布置

花厅的中堂布置：条案、方桌、主宾椅、楹联、太师壁、客座、天花、灯具。

图7-11 中轴线北侧后门的屏风布置

四、具有纪念性的专用中堂

具有纪念性的中堂，一般有其专用性，不做家庭或其他中堂使用，如纪念历史人物中堂，纪念历史事件中堂等。因此，其布置内容与规矩必须根据其专用性进行设计。图7-12为纪念中国古建宗师鲁班（公输般）的中堂，中央陈设鲁班雕像；匾额为"习古堂"；两侧楹联为"集历代营建国粹，揽神州技艺精华"。

图7-12 纪念性中堂：习古堂

第二节

居室的家具与陈设设计

居室分为主人居室、女主人居室、儿童居室和宾客居室几类。主人居室一般指男主人单独居住的居室，女主人居室指女主人单独居住的居室，还有夫妻同居的居室。大家庭则有儿童居室和接待宾客的居室。

主人居室的主要家具是床、床头柜、方桌、座椅和榻。如果主人的居室兼办公之用，则需要办公桌、椅。面积宽大的居室，可以分卧室、办公处和卧室中堂三部分。

图7-13为较大的卧室中堂，一般和堂屋的中堂相似。卧室中堂的客座一般比较简单，可设一对座椅和几，布置在外墙的一侧。

图7-13　大型卧室设客座和几

主人居室中堂一般悬挂主人照片或画像，书画多为山水，桌案瓷器陈设多用色彩深沉的瓷器，如青花、单色的各类瓷器（图7-14）。女主人居室中堂一般悬挂花鸟类画片，瓷器以粉彩、珐琅彩等色泽鲜艳的为多，如富贵白头、柳树黄莺等类（图7-15、图7-16）。案头多放帽镜、梳头匣、首饰盒类小件用品。有的加入镜支或带有梳妆台。

图7-14　主人居室中堂（实例）

图7-15　女主人居室中堂（实例）

图7-16　女主人居室中堂

图7-17　中堂与卧具的结合

中堂还可与卧具结合，如图7-17所示。图中左侧为榻与炕桌，茶具；右侧为中堂家具与陈设；交界处为室内茶几与茶具。女主人居室一般有化妆台等，如图7-18所示。

卧室中有床和床头器具、室内书画、灯具类陈设。床头器具如床头柜，位置设在床头，可同时在几侧设靠背椅，以备临时坐用。卧室除室内正式照明灯具，还需设夜间灯具（图7-19）。

有会客和其他活动时，较大的卧室还需在临窗处另设客椅和桌案，用于临时书写和办公（图7-20）。

图7-18　卧室内的女主人化妆台与博古架

图7-19　卧室设计的布置

图7-20　较大卧室的布置

第三节

书房的室内装饰与家具陈设

　　书房是一个房主人的工作室，是用于阅读、书写、学习、研究、工作的空间。书房的室内装饰与陈设应根据其作用而设计。书房的主要家具应是书桌，也包括画案、写字台之类，还应该包括座椅、书柜、书架等存放书画的家具。如果拓展书房的用途，便还陈设琴、棋、书、画等文人所用之物，还可以有棋桌、琴台之类。家具布置应以书桌或书案为中心，再结合其他各项功能的家具。书桌上陈设常用的文房四宝，如笔筒、笔架、笔洗、墨盒、砚台、文具盒、官皮箱、文具匣之类的文具和用品。有的书房宽阔兼可会客，便有茶桌、棋桌、鱼缸桌等家具。书房除了有匾额，还可以根据主人爱好，布置书画。有的书房还设落地罩将空间隔开，另设一角，陈列多宝阁及收藏品。详见图7-21～图7-23。

图7-21　书房布置一角

图7-22 客房的书房一角（书桌）

图7-23 书房一角（书柜）

第四节 茶室的陈设设计

　　茶室是较大家庭单独设置的举行茶道活动和饮茶会友、谈心议事的场所。其主要家具陈设是茶桌、椅、茶具及茶道用品。

一、茶室全景

　　茶室内的家具有茶桌、椅榻、衣架、柜架、矮桌、调茶桌等。室内立墙陈设主要是书画和楹联（图7-24）。

　　茶室如有室内单独门头，可设茶室匾额和楹联。门口处可挂帐幕（图7-25）。

图7-24 茶室布置

图7-25　茶室门头

二、调茶桌

调茶桌一般用联三柜或闷户橱，用来放置调茶所用茶具。图7-26中陈列有青花渣斗、青花提梁壶、五彩提梁壶、斗彩茶碗、兔毫盏茶碗等用品。

三、茶桌、茶椅

茶椅采用南式官帽椅，茶桌、茶椅造型简洁优美，所占空间较小（图7-27）。

图7-26　调茶桌及其用品

图7-27　茶室桌椅

四、茶室中堂

图7-28的中堂画为《饮茶图》，两侧楹联为"茶香秋梦后，松韵晓吟时"。中堂桌案及中堂茶具陈设，均与茶室功能协调呼应。

图7-28　茶室中堂

第五节　餐厅的陈设设计

餐厅按其性质与使用目的的不同分家用餐厅和宴席餐厅。中式平房四合院家用餐厅，是只用于家庭内部的餐厅，只有餐厅和厨房两部分。厨房按照烹饪要求，还可以划分备餐间和烹饪厨房。备餐间分为开生、切配部分和烹饪后餐前的准备部分；烹饪厨房则分为菜品和面点两部分，分别称为"红案"和"白案"。

一般家用餐厅内的家具主要有餐桌、餐椅和辅助用家具如接手桌等。由于餐厅的用途和档次不同，餐厅内也根据需要布置陈设用家具和休息用家具，如太师椅、扶手椅、沙发、茶几等。

宴席餐厅比家用餐厅规模大，并且根据宴席的要求，也要分区布置出主人席、主宾席、宾客席和其他席位。档次高的宴席餐厅还需要设计主席台和主宾台。除这些宴席台之外，若宴席同时有堂会，就需要有堂会的舞台。

一、家用餐厅

家用餐厅是以餐桌为主的家庭小餐厅，餐桌多为四人方桌带接手桌。家庭餐桌一般平时不摆放陈设，只摆放一套茶具即可。墙面可根据面积大小和室内风格装饰书画艺术品（图7-29）。

图7-29　家用餐厅的餐桌

二、宴席餐厅

» 1. 餐厅主人席

　　餐厅主人桌和主席桌布置在礼台前方中央部位；礼台背景为太师壁，太师壁前是硬木屏风；两侧为对瓶、仙鹤。台中为主人桌，桌上布置主人茶具和主席茶具。台前有台柱和楹联，顶棚装修为金龙和玺彩画（图7-30）。

图7-30　宴席餐厅的主人席

» 2. 宴席桌

　　宴席桌根据餐厅用途决定其建筑形式和大小。大型皇室、王府类私家餐厅，多为中国传统大式建筑，与商业餐厅相比，装修豪华，但是餐厅面积与数量不如商业餐厅大，分出主人桌、主宾桌和一部分客人桌即可。图7-31～图7-33为一桌式宴席桌，另有主人的主席桌。

图7-31　从主桌一端看主宾席位桌布置

图7-32　一桌式宴席餐桌布置

图7-33　宴席主桌

　　一桌式宴席桌后面台口内为单独的主人桌和主席桌，前面为一桌式餐桌布置；有的宴会厅设有小型舞台，可供堂会演出。

　　图7-34为餐厅内周的休息桌。根据家具布置和陈设类型可以区分出不同客座。

　　餐厅的礼台用于来客礼品的展示与布置（图7-35）。

图7-34　主桌一侧的宾客休息桌

图7-35　主桌一侧的贺礼展台区

» 3. 休息室

休息室一般设在餐厅内，是有独特风格的单独的休息间（图7-36）。独立的休息室有单独隔开的房间，房间由花罩和幔帐组成门面入口。内设休息所用的榻和小型家具，还有室内装饰书画。

» 4. 餐厅的风格与布局

无论是家用餐厅还是经营性餐厅，其装修和陈设必须具有统一和谐的风格，不能鱼龙混杂，不成规矩。因此，餐厅的设计必须将室内装修和室内家具陈设统一协调设计（图7-37）。即使是过厅、休息厅等，都需要有统一的风格。例如图7-38～图7-41所示的装修和装饰将餐厅、过厅的风格统一，这样不但使用方便，还会使人感觉到和谐、美观。图7-42的布局是左侧为贵宾主桌，右侧为来宾餐桌，中间有舞台帷帐。

图7-36　餐厅的休息室

图7-37　餐厅的布局

图7-38　厅堂设计的风格

图7-39 与厅堂风格一致的餐厅

图7-40 餐厅的装修风格

图7-41　过厅的装修风格

图7-42　餐厅的布局

三、宴席人员分类及席位布置——以贺宴为例

　　贺宴指祝贺性的宴会，中国古代祝贺性的宴会以"烧尾宴"为先例，是庆祝世子登科或官职升迁举行的宴会。该宴会是唐代著名宴会之一，是古代欢庆宴席的代表，寓意"神龙烧尾，直上青云"。现代以烧尾宴比喻宴请。

　　现代贺宴如贺寿、贺喜、贺功、贺节宴等，按其规模和档次有圆桌满席、烧尾宴等。圆桌满席的贵宾在圆桌上首中央，陪客在其左右，不设贵宾桌；烧尾宴的贵宾在满席上侧另设单独的贵宾桌，主人在满席的上首中央，主持宴席。

» 1. 宴席人员分类

　　来宾：凡是被邀请赴宴的人员都是来宾。
　　贵宾：是来宾中的重要人员，如领导、长辈、亲友、各界要人、名人等。
　　主宾：是来宾中的首要宾客或有目的邀请的宾客，是贵宾中的头面或代表。

» 2. 宴席的席位布置

　　以贺宴的席位布置为例，如图7-43所示。1的位置为贺宴邀请的主要贵宾，如英模、大师、专家、领导等出众人才；2的位置为主办宴席的人；3的位置为主要贵宾男客；4的位置为主要贵宾女客；5的位置为男陪客；6的位置为女陪客；7及以后的位置均为宴席来宾。

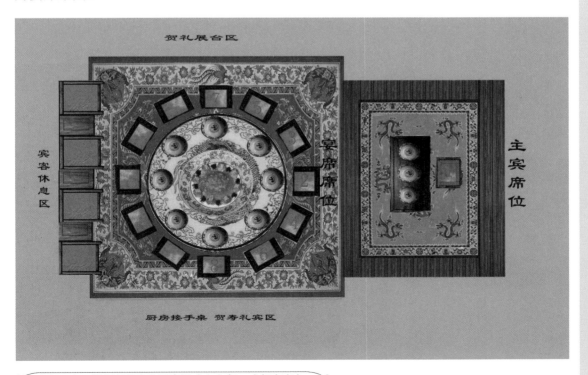

图7-43　贺宴宴席席位示意图（九九归一式贺寿宴）

第六节

戏楼的家具与装修设计

剧场是独立设置的、供演出使用的建筑物，一般多为西式建筑，是可以供各类大型艺术演出的场所。本书所述的戏楼，是附属在中国古建筑中的戏曲演出场所。它可以设置于建筑内部，也可以设置于建筑的庭院之中。

王府或较大府邸宅院中的戏楼，供各类贺寿、礼仪和娱乐活动使用，也有的是专为听戏而设。供娱乐活动类的戏楼较多，如堂会中的各类表演。传统戏楼多以堂会活动为多，堂会大致分为戏曲堂会和曲艺堂会。戏曲堂会包括昆曲、京剧等，曲艺堂会包括子弟八角鼓、什样杂耍、什不闲莲花落等。大型戏曲演出需要较大的舞台、后台和观众厅；饭庄所附有的戏楼一般面积比较小，主要适合饭庄顾客所用与举办堂会。

戏楼一般需要有合格的舞台面积与高度，还包括副台、后台和化装室。观众厅可以摆放桌椅或餐桌椅；室内舞台两侧的抄手廊子既起到连接舞台和观众厅的作用，还能疏散戏楼中的人员。

一、戏剧舞台

戏剧舞台俗称"戏台"，多为方形。戏台上划分上场门、下场门、九龙、内场、外场、小边、大边等，根据戏楼总体大小按比例设计。舞台还要设置天幕、边幕，设置灯光和布景，划分两侧副台。

戏台上的家具布置和普通家具布置不同。因为戏台一般不使用真实家具，需要使用单独设计的具有戏台艺术的家具，称为"砌末"（也包括道具）。

中国古建筑附属的古典戏楼，一般规模较小，多设在室内，戏台的建筑设计主要有舞台、台口、观众厅、顶棚、游廊、外门等部位。这些部位设计要和戏楼的总体风格协调一致（图7-44～图7-46）。

图7-44 戏楼的家具布置

图7-45 戏楼观众厅一角

图7-46 戏楼的体量

戏楼根据建筑总体风格和需要进行设计，必要时，还要设计舞台的乐池、演员休息室、化装室和卫生间等，此处不再赘述。

二、体量较大的室内戏楼

以李少春纪念馆的室内中式戏楼（本书作者设计）为例。其总体体量较大，建筑结构独立，具有完整的戏楼布局与构造（图7-47、图7-48）。

图7-47 李少春大剧院舞台

图7-48 戏楼的侧廊和雅座

三、附属于庭院建筑的室外戏楼

室外戏楼一般将观众厅设在庭院，可设观众席座位，也可不设座席，观众在庭院中随意观看。图7-49为胜芳三宗宝庭院戏楼。

图7-49　胜芳戏楼（作者复原设计）

　　设在庭院的大型戏楼，有的舞台部分设有布景设备，故此带有二层或多层结构的屋顶。图7-50为本书作者设计的此类戏楼。

图7-50　中华满汉全席荣华富贵班厨艺文化培训基地内的戏楼及宴会厅

四、其他各类戏楼

庭院中独立设置的大式建筑戏楼有颐和园德和园戏楼（图7-51）。该戏楼在颐和园大型院落德和园内，建于光绪十七年（1891年）。舞台高21米，宽17米，共有上、中、下三层，设有各类布景机关设备，是中国皇家古典建筑中及其宏大和完善的戏楼。

正乙祠戏楼位于北京西河沿大街，和平门南，是京城最有名的戏楼，也是中国最古老的、保存最完整的戏楼。该戏楼于康

图7-51 颐和园德和园戏楼外观

熙五十一年（1712年）建成，由浙江地区在京商人集资兴办，是一个集会娱乐场所（图7-52、图7-53）。

北京保留完整的传统戏楼还有湖广会馆戏楼（图7-54、图7-55）。该戏楼位于北京市虎坊桥西南侧，建于清代嘉庆年间。原为会馆宅院，道光年间重建，扩大规模升为殿宇穿廊，建成戏楼。

图7-52 正乙祠戏楼

图7-53　正乙祠戏楼的舞台和观众厅内景

图7-54　湖广会馆观众厅及舞台

图7-55　湖广会馆大门外观图

参考文献

[1]乔匀.中国古代建筑.北京：新世界出版社，2002

[2]汤道烈，任雪英.中国建筑艺术全集.北京：中国建筑工业出版社，2003.

[3]姜振鹏.传统建筑木装修.北京：机械工业出版社，2004.

[4]何俊寿.中国古代营建数理.哈尔滨：黑龙江美术出版社，2013.

[5]马炳坚.中国古建筑木作营造技术.北京：科学出版社，1991.

[6]边精一.中国古建筑油漆彩画.北京：中国建筑工业出版社，2007.

[7]张复合.北京近代建筑史.北京：清华大学出版社，2004.

[8]濮安国.明清家具鉴赏.杭州：西泠印社出版社，2004.

[9]刘大可.中国古建筑瓦石营法.北京：中国建筑工业出版社，1993.

[10]何俊寿.中国建筑彩画图集.天津：天津大学出版社，1999.

[11]汤崇平.中国传统建筑木作知识入门.北京：化学工业出版社，2018.

[12]马承源.文物鉴赏指南.上海：上海书店出版社，1996.

[13]国家文物局主编.中国文物精华大辞典·陶瓷卷.上海：上海辞书出版社，北京：商务印书馆，1995.

[14]周俱.中国墨迹经典大全.北京：京华出版社，1998.

后记

　　本书主要介绍中国古建筑室内装修、装饰与陈设。这三个部分有不同的内涵，作者在编写之余另行叙述。实际上在做室内古典装修与陈设设计时，建筑物主体又有四种类型：第一类是具有历史真实性并保留至今的古代建筑，如故宫、颐和园等大式建筑群，也包括各类王府和典型的四合院建筑；第二类是民国及其后建设的中外合璧的所谓"大屋顶"建筑，如中山陵、协和医院、原交通部和"四部一会"大楼等；第三类是近现代建设的仿古建筑；第四类是做室内中式装饰与陈设的主体建筑，包括中式古典建筑以外的西式建筑或现代建筑。

　　在这四类建筑中，做中式古典建筑室内装修与陈设，必然会因环境的不同而做与环境相适应的室内装修与陈设设计。这样就会出现多种设计效果和设计成果。在比较典型的古建筑中设计室内装修与装饰、陈设，需要有较强的古建技术基础与设计能力。否则，会设计得脉络交错，没有完美的总体形象与特征。

　　因此，建议在学习或在教学中，要认清建筑主体形象，把握装修总体风格，明确建筑主体、室内设计和室内装饰与陈设的层次关系，将建筑各部位和建筑总体想象有机结合，最终设计出具有中国古建筑特征、中式古典风格和具有生命力的室内装修方案。